"十三五"国家重点图书出版规划项目

城市安全风险管理丛书

编委会主任:王德学　总主编:钟志华　执行总主编:孙建平

国家出版基金项目
NATIONAL PUBLICATION FOUNDATION

城市地下空间防灾理论与规划策略

Urban Underground Space

Hazards Mitigation

Theory and Planning Strategy

赫磊　著

同济大学 出版社
TONGJI UNIVERSITY PRESS

图书在版编目(CIP)数据

城市地下空间防灾理论与规划策略 = Urban Underground Space Hazards Mitigation Theory and Planning Strategy/赫磊著. —上海：同济大学出版社，2019.11
(城市安全风险管理丛书)
"十三五"国家重点图书出版规划项目
ISBN 978 - 7 - 5608 - 8765 - 4

Ⅰ.①城… Ⅱ.①赫… Ⅲ.①城市空间—地下建筑物—防灾—空间利用—研究 Ⅳ.①TU92

中国版本图书馆 CIP 数据核字(2019)第 214614 号

国家出版基金项目
"十三五"国家重点图书出版规划项目

城市地下空间防灾理论与规划策略

Urban Underground Space Hazards Mitigation Theory and Planning Strategy

赫 磊 著

出 品 人： 华春荣
策划编辑： 高晓辉 吕 炜 马继兰
责任编辑： 吕 炜 李 杰
责任校对： 徐春莲
封面设计： 唐思雯

出版发行 同济大学出版社 www.tongjipress.com.cn
(地址：上海市四平路 1239 号 邮编：200092 电话：021 - 65985622)
经 销 全国各地新华书店、建筑书店、网络书店
排版制作 南京文脉图文设计制作有限公司
印 刷 上海安枫印务有限公司
开 本 787mm×1092mm 1/16
印 张 10.75
字 数 268 000
版 次 2019 年 11 月第 1 版 2020 年 5 月第 2 次印刷
书 号 ISBN 978 - 7 - 5608 - 8765 - 4
定 价 76.00 元

内容简介

本书为国家"十三五"重点图书出版规划项目、国家出版基金资助项目。

全书围绕城市地下空间防灾理论与规划策略展开研究,主要包括城市防灾的基本理论与一般防灾对策、地下空间防灾理论、地下空间防灾规划策略等内容。全书首先剖析了现代城市防灾的供需矛盾,从理论上解释了城市地下空间用于城市防灾的原因,然后结合实际构建了地下空间防灾的规划策略,发展了城市防灾的理论与方法。

本书涵盖了城乡规划学、土木工程、市政工程、灾害学、防灾减灾学等多学科,推动交叉学科研究和新理念、新方法、新技术的实际应用。本书有助于加深读者对地下空间开发利用以及城市综合防灾的认识,可供城市防灾与地下空间开发利用领域从事研究、规划设计和管理的人员学习参考。

作者简介

赫 磊

男,山西阳高县人,同济大学建筑与城市规划学院城市规划专业博士,北卡罗来纳大学教堂山分校区域与城市规划系联合培养博士,国家注册城市规划师,中国岩石力学与工程学会地下空间分会理事,上海市住建领域应急管理专家,同济大学建筑与城市规划学院副研究员。专业背景涵盖土木工程、隧道及地下建筑、城乡规划与设计。主要研究方向为城市安全与综合防灾、城市地下空间开发利用与规划理论及方法、城市基础设施安全运维与精细化管理。主持国家自然科学基金面上项目1项、参与2项,先后参与"十二五""十三五"国家级课题4项、省部级课题3项;主持编制上海市地方标准2项、市政管网行业标准1项,参与编制地方标准1项;主持及参与横向课题、咨询项目20余项;出版专著1部,参与编写教材及专著6部,发表中科院一区SCI论文1篇,中科院二区SCI/SSCI论文1篇,中文核心期刊论文20余篇;申请国家发明专利3项、获得软件著作权1项;获得全国优秀城乡规划设计奖表扬奖1次、省部级优秀城乡规划设计奖一等奖1次、三等奖2次。近年来围绕地下空间及城市安全防灾开展了大量的科研、教学与实践工作,研究成果在上海等地进行了一定程度的应用,并获得广泛的社会认可。

"城市安全风险管理丛书"编委会

总序

　　浩荡 40 载,悠悠城市梦。一部改革开放砥砺奋进的历史,一段中国波澜壮阔的城市化历程。40 年风雨兼程,40 载沧桑巨变,中国城镇化率从 1978 年的 17.9％提高到 2017 年的 58.52％,城市数量由 193 个增加到 661 个(截至 2017 年年末),城镇人口增长近 4 倍,目前户籍人口超过 100 万的城市已经超过 150 个,大型、特大型城市的数量仍在不断增加,正加速形成的城市群、都市圈成为带动中国经济快速增长和参与国际经济合作与竞争的主要平台。但城市风险与城市化相伴而生,城市规模的不断扩大、人口数量的不断增长使得越来越多的城市已经或者正在成为一个庞大且复杂的运行系统,城市问题或城市危机逐渐演变成了城市风险。特别是我国用 40 年时间完成了西方发达国家一二百年的城市化进程,史上规模最大、速度最快的城市化基本特征,决定了我国城市安全风险更大、更集聚,一系列安全事故令人触目惊心,北京大兴区西红门镇的大火、天津港的"8·12"爆炸事故、上海"12·31"外滩踩踏事故、深圳"12·20"滑坡灾害事故,等等,昭示着我们国家面临着从安全管理 1.0 向应急管理 2.0 乃至城市风险管理 3.0 的方向迈进的时代选择,有效防控城市中的安全风险已经成为城市发展的重要任务。

　　为此,党的十九大报告提出,要"坚持总体国家安全观"的基本方略,强调"统筹发展和安全,增强忧患意识,做到居安思危,是我们党治国理政的一个重大原则",要"更加自觉地防范各种风险,坚决战胜一切在政治、经济、文化、社会等领域和自然界出现的困难和挑战"。中共中央办公厅、国务院办公厅印发的《关于推进城市安全发展的意见》,明确了城市安全发展总目标的时间表:到 2020 年,城市安全发展取得明显进展,建成一批与全面建成小康社会目标相适应的安全发展示范城市;在深入推进示范创建的基础上,到 2035 年,城市安全发展体系更加完善,安全文明程度显著提升,建成与基本实现社会主义现代化相适应的安全发展城市。

　　然而,受制于一直以来的习惯性思维影响,当前我国城市公共安全管理的重点还停留在发生事故的应急处置上,突出表现为"重应急、轻预防",导致对风险防控的重要性认识不足,没有从城市公共安全管理战略高度对城市风险防控进行统一谋划和系统化设计。新时代要有新思路,城市安全管理迫切需要由"强化安全生产管理和监督,有效遏制重特大安全事故,完善突发事件应急管理体制"向"健全公共安全体系,完善安全生产责任制,坚决遏制重特大安全事故,提升防灾减灾救灾能力"转变,城市风险管理已经成为城市快速转型阶段的新课题、新挑战。

　　理论指导实践,"城市安全风险管理丛书"(以下简称"丛书")应运而生。"丛书"结合城市安全管理应急救援与城市风险管理的具体实践，重点围绕城市运行中的传统和非传统风险等热点、痛点，对城市风险管理理论与实践进行系统化阐述，涉及城市风险管理的各个领域，涵盖城市建设、城市水资源、城市生态环境、城市地下空间、城市社会风险、城市地下管线、城市气象灾害以及城市高铁运营与维护等各个方面。"丛书"提出了城市管理新思路、新举措，虽然还未能穷尽城市风险的所有方面，但比较重要的领域基本上都有所涵盖，相信能够解城市风险管理人士之所需，对城市风险管理实践工作也具有重要的指南指引与参考借鉴作用。

"丛书"编撰汇集了行业内一批长期从事风险管理、应急救援、安全管理等领域工作或研究的业界专家、高校学者，依托同济大学丰富的教学和科研资源，完成了若干以此为指南的课题研究和实践探索。"丛书"已获批"十三五"国家重点图书出版规划项目并入选上海市文教结合"高校服务国家重大战略出版工程"项目，是一部拥有完整理论体系的教科书和有技术性、操作性的工具书。"丛书"的出版填补了城市风险管理作为新兴学科、交叉学科在系统教材上的空白，对提高城市管理理论研究、丰富城市管理内容，对提升城市风险管理水平和推进国家治理体系建设均有着重要意义。

中国工程院院士

2018 年 9 月

前言

当前,城市地下空间已经成为我国大中城市开发利用的热点。与城市地上空间相比,一方面,地下空间的自然属性使其在理论上与实践中具有比地上空间更优的防灾性能,能够作为城市防灾的重要资源,补充城市地上空间防灾的不足;另一方面,地下空间却具有易灾性,会对处于地下空间内部的人员造成较大的风险隐患。本书在考虑城市地下空间自身的灾害防御问题的基础上,重点研究发生于城市地下空间之外的城市地上空间的自然灾害(风灾、水灾、震灾)和战争空袭,通过地下空间开发利用实现城市防灾与可持续发展。城市地下空间开发利用与城市防灾相结合,将成为城市防灾的重要手段,促进城市地上地下空间一体化开发利用,促进城市综合防灾领域新的发展,并对进一步认识地下空间、指导其规划具有重要意义。

本书分析了城市地下空间的防灾特征与环境特性,从地下空间自身特征出发,总结了影响地下空间防灾利用的要素,地下空间恒温、恒湿、绝热、密闭以及深埋地面以下的自然特征,对战争空袭、地震、风灾,可起到隔离地面灾害、创造适宜生活环境的作用;对水灾可起到隔离灾害的作用,快速消除灾害影响。城市地下空间防灾利用,能够弥补地上空间防灾的不足,扩展城市防灾手段,为地下空间开发利用研究与城市防灾研究的融合探索新的结合点。

本书得到国家自然科学基金面上项目——城市防灾设施系统失效级联机理与规划优化方法研究(基金号:51778437)课题,以及高密度人居环境生态与节能教育部重点实验室科研课题(编号:201820204)等的资助;也得到了同济大学相关单位的大力支持和帮助,限于篇幅,不一一列出,在此谨表谢意。

由于著者水平有限,书中尚有许多不足之处和需商榷之处,恳请读者批评指正。

2019 年 3 月于同济大学

目录

1 绪论

1.1 概述

1.1.1 城市灾害频发灾损严重

进入新千年以来，全球自然灾害频发。2003 年印度洋海啸、2005 年美国卡特里娜飓风、2006 年智利巨震、2010 年海地地震、2010 年冰岛火山爆发、2011 年日本地震与海啸等自然灾害给当地居民的财产造成重大损失，居民生命受到严重威胁。我国 2007 年济南暴雨、2008 年初南方冻雨、2008 年汶川大地震、2010 年玉树地震、2010 年西南地区大旱、2010 年舟曲特大泥石流、2012 年北京暴雨、2013 年雅安地震、2013 年东北及广东局部洪水、2016 年遭受莫兰蒂台风厦门重创、武汉暴雨内涝等自然灾害对居民生命财产安全、社会经济发展都产生巨大影响。统计表明：洪涝、暴风、地震、干旱、台风、雪灾、泥石流、滑坡、虫害和环境灾害是当今世界面临的十大自然灾害，其中前四类灾害造成的损失约占总损失的 90%，仅洪涝灾害就约占 40%。据公开的官方数据报道[①]，我国近年来由自然灾害造成的直接经济损失逐年递增，2010 年达到 5 000 多亿元人民币，占当年 GDP 的 1.34%，如果估计间接经济损失，灾损将更大。2011 年是我国自然灾害较少的一年，但灾害直接经济损失仍达 3 096.4 亿元，占当年 GDP 的 0.7%。各类灾害的严重程度依次为：洪涝（41%）、旱灾（30%）、风雹（10%）、冰冻与雪灾（9%），四类灾害占灾害损失的 90% 以上[②]。如图 1-1—图 1-4 所示。2010 年后由自然灾害致灾造成的受灾人口和倒塌房屋数量逐年降低，而直接经济损失却在波动中有上升的趋势。这很大程度上是由于我国大中城市中心城区建设密度高、强度高，单位用地面积集聚的建设量和人口密度都高，一旦发生灾害，就会造成更大的财产损失和更多的人员伤亡。

1.1.2 城市地上空间防灾供需不匹配

1. 城市高强度建成区避难场所供需矛盾突出

我国大城市避难场所资源普遍不足。城市避难场所是近年才随着人们对灾害的逐步认识而新兴发展起来的几类用地和设施的总称，在过往城市老城区建设过程中并无疏散避难的要

---

① 中华人民共和国民政部，《民政事业发展统计公报》（2000—2017 年）。

② 国家减灾委员会，http://www.jianzai.gov.cn/。

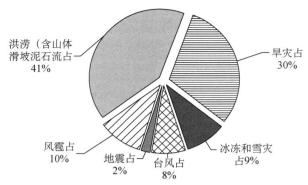

图 1-1　2011 年我国自然灾害直接经济损失分析

数据来源：壹基金救灾微博①。

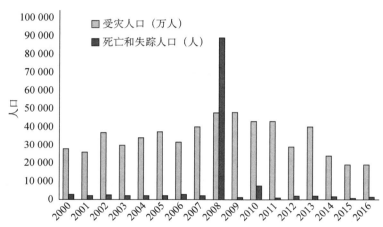

图 1-2　2000—2016 年我国自然灾害受灾人口与死亡和失踪人口统计分析

数据来源：国家民政部《民政事业发展统计公报》（2000—2016）。

求。因此，以现在疏散避难场所的规划建设要求来衡量评价既有建成区的避难场所资源供给，一般均很难满足要求，尤其是高密度开发建设的大都市中心城区。以上海市为例，表 1-1 列出了各个区县可用作避难场所的公园绿地、大型体育场所以及学校操场等开敞空间用地（不含居住区绿地），以及 2012 年上海市统计年鉴中的各个区县常住人口，由此可大致计算人均避难场所用地面积，其中公园绿地可用作避难场所的面积按其总面积的 40％计②。经计算可知，上海市中心城的黄浦区、闸北区、虹口区、杨浦区、普陀区、静安区等区人均有效避难面积严重不足，较上海市浦西人均避难面积标准 2.5 m²/人③的下限相差较多。如果将流动人口纳入，则中心城区避难场所的用地面积缺口将更大。

---

① 新浪微博，壹基金救灾微博，http://e.weibo.com/ofdisaster。

② 依据上海市《城市绿地应急避难场所建设规范讨论稿》中的相关规定取值。

③ 按照避难场所内部的用地功能划分，人均用地至少达到 3 m²，才能满足基本的避难需求。由于浦西内环内用地紧张，可以适度放松到 2.5 m²/人。

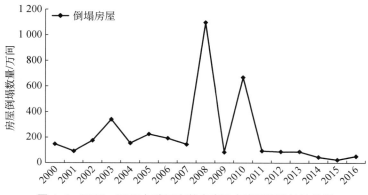

图 1-3 2000—2016 年我国自然灾害受灾房屋倒塌统计分析

数据来源:国家民政部《民政事业发展统计公报》(2000—2016)。

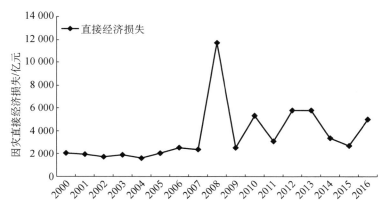

图 1-4 2000—2016 年我国自然灾害受灾直接经济损失统计分析

数据来源:国家民政部《民政事业发展统计公报》(2000—2016)。

表 1-1　　　　　　　　　　2012 年上海市各区县避难场所用地资源统计

行政区	公园、广场、绿地有效面积(公园按 40%计)[①]/hm²	大型体育场所总占地面积[②]/hm²	学校操场总用地面积[③]/hm²	总计可用作避难场所用地/hm²	常住人口[④]/万人	人均避难场所用地/m²
浦东新区	1 408.7	51.3	136.2	1 596.2	504.4	3.2
黄浦区	80.3	3.2	8.2	91.7	67.9	1.3
静安区	6.9	1.9	2.3	11.1	24.7	0.4
徐汇区	58.5	6.1	43.6	108.2	108.5	1.0
长宁区	128.0	0.4	32.9	161.3	69.1	2.3
普陀区	36.1	2.2	42.6	80.9	128.9	0.6
闸北区	96.1	14.1	30.3	140.5	83.0	1.7

（续表）

行政区	公园、广场、绿地有效面积（公园按40%计）[①]/hm²	大型体育场所总占地面积[②]/hm²	学校操场总用地面积[③]/hm²	总计可用作避难场所用地/hm²	常住人口[④]/万人	人均避难场所用地面积/m²
虹口区	37.0	5.6	32.0	74.6	85.2	0.8
杨浦区	177.1	32.2	60.9	270.2	131.3	2.0
宝山区	165.9	2.0	31.7	199.6	190.5	1.0
闵行区	78.7	2.8	43.2	124.7	242.9	0.5
嘉定区	51.6	9.3	31.0	91.9	147.1	0.6
金山区	45.8	34.4	19.8	100	73.2	1.3
松江区	257.9	59.0	146.3	463.2	158.2	2.9
青浦区	58.9	1.4	26.4	86.7	108.1	0.8
奉贤区	391.3	12.6	19.8	423.7	108.3	3.9
崇明县	269.1	1.4	32.4	302.9	70.4	4.3
总计	3 003.2	240.3	611.8	3 855.3	2 301.9	1.7

来源：① 2011年上海市容和绿化管理局年报及2012年上海市统计年鉴。
　　　②③ 参考上海市民防办避难场所普查资料。
　　　④ 2012年上海市统计年鉴。

避难场所资源的需求量，依照国家标准《防灾避难场所设计规范》（GB 51143—2015），人均有效避难面积，固定避难场所短期为2.0 m²/人，中期为3.0 m²/人，长期为4.5 m²/人。考虑上海市中心城区浦西地区用地紧凑，取固定避难场所统一为2.5 m²/人。但该值仅为有效避难面积，包括人员宿住和配套应急设施，并不包括指挥、医疗卫生、物资储备及分发、专业救援队伍用地等。地震、龙卷风等突发灾害发生时所有人口，不仅包含常住人口，而且包含短期居住人口、旅游停留人口、事发时经停人口等，都需要应急避难和临时安置，且因为短期居住人口主要集中于中心城区，这样使得上海市中心城区避难场所资源供给不足的几个区供需矛盾更加突出。

2. 城市建成区无法快速排出降雨导致内涝

由于城市建设，改变地面高程及地表覆盖物的透水性态等，导致降水无法快速下渗、蓄滞，从而形成地表径流，产生内涝。以武汉市为例，2016—2017年发生了几次全局性内涝，分析导致内涝的主要原因如下：

（1）持续降雨，雨强和雨量大。在全球气候变化的背景下，武汉市极端降雨事件具有较大的不确定性。

武汉市2016年6月30日20时至7月6日15时累计雨量574.1 mm，突破1991年7月5—11日7天内542.8 mm的记录。6月1日至7月6日，武汉降水量达932.6 mm，比1998年6月至8月的总降水量多64.6 mm。7月6日降雨量累计达到220.3 mm，最大小时降雨量40.1 mm，如图1-5所示。持续的超强降雨与长江高水位耦合在一起，加剧了洪涝灾害。

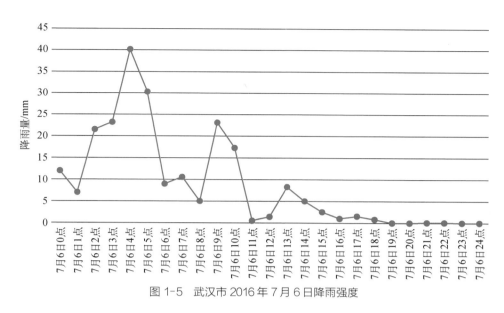

图 1-5　武汉市 2016 年 7 月 6 日降雨强度

（2）调蓄容量相对减小，不利于调蓄纳洪。

武汉市湖泊共计 166 个，水域总面积 779 km²。其中，中心城区 38 个湖泊，总面积 156 km²。武汉市共有大、中、小型水库 289 座，总库容 88 114 万 m³，防洪总库容 5 116 万 m³。武汉市 6 个分蓄洪区，有效容积 122 亿 m³，可分蓄 68 亿 m³。

但是，近年来湖泊面积正不断缩小。如沙湖曾有近万亩，如今不足 120 亩；东湖减少了 1 100 亩；南湖、汤逊湖沿岸高楼林立，范湖消失。同时，湖泊可调蓄的容量有限，下垫面综合径流系数增大。汉口地区屋面、道路、广场等类型下垫面约占 70.7%，中心城区综合径流系数达 0.7。

（3）地形地貌平坦。

武汉城区地势低平，建成区高程 21～24 m，湖塘地区高程 19～22 m（黄海高程），基本都在常年洪水位以下。地形在 30 m 以上的区域主要分布在武昌和汉阳，以及武汉北部区域，如图 1-6 所示。为了防洪，将汉口、汉阳和武昌围合在三大保护圈内，汛期城区降雨只能通过泵站提升实现雨水外排。

（4）因洪水滞涝，泵站抽排不能解决内涝顽疾。

武汉洪涝同期交汇，依靠增加排涝泵站来解决涝水不切实际。这是因为：武汉市湖泊的最高水位普遍在 18.5～20.65 m。当长江水位达到高水位 27 m 以上时，湖泊容量蓄满后，必须通过排涝泵站向长江抽排。一般排涝水量在长江主汛期，将抬高长江水位 0.33～0.65 m。长江水位的抬高将增加整个长江流域，尤其是下游的防洪压力。因此，当长江水位达到 29.73 m 时，将禁止外排洪水。

（5）排水泵站抽排能力不足，管网输送能力不足，导致短时降雨形成地面滞水而内涝。

汉口常青系统和黄孝河系统、沿江系统存在重现期 $P<1$ 的干管长度偏高，地下管网的排

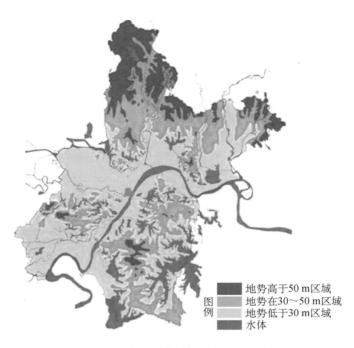

图例
地势高于50 m区域
地势在30~50 m区域
地势低于30 m区域
水体

图 1-6　武汉市城区地面高程分析示意图

水能力不足;金银潭没有排涝泵站和地下管网;汉阳蔡甸东湖水系、河西、官莲湖、川江池、泛区的管网密度均偏低。如表 1-2 所列。

表 1-2　　　　　　　　　　武汉市现有泵站和管网排水能力一览表

区名	排水分区	出江抽排能力 /(m³·s⁻¹)	管网密度 /(km·km⁻²)	P<1 干管长度占比 /%
汉口	常青	187	2.6	52.4
	黄孝河	122.5	3.1	34.6
	湛家矶	9	0.5	10.9
	沿河	1.4	13.5	100
	金银潭	—	—	—
	沿江	28.6	6.5	83.7
汉阳	汉阳沿河	30.3	2.4	43
	蔡甸东湖水系	104.9	0.8	16
	沿江	43.7	3.6	44
	烂泥湖	24.9	1.5	32
	河西	4	0.2	100
	官莲湖	—	0.1	100
	川江池	9	0	—
	泛区	1.7	0	—

区名	排水分区	出江抽排能力 /(m³·s⁻¹)	管网密度 /(km·km⁻²)	P<1 干管长度占比 /%
武昌	东沙湖	142	1.61	17
	临江	13.7	1.9	0
	港西	23.8	4.6	35
	青山镇	14.3	2.1	100
	工业港	16.3	0.6	24
	北湖	64	0.63	20
	汤逊湖	123	0.85	84
	梁子湖	214	0.29	100

（6）湖泊调蓄能力没有得到充分发挥。

汉口地区的湖泊调蓄深度最大仅为 5.55 mm；汉阳和武昌地区的湖泊调蓄深度普遍较高，如烂泥湖达到 205.25 mm，官莲湖为 278.95 mm，汤逊湖的调蓄深度为 168.64 mm，北湖为 139.21 mm，如表 1-3 所列。

表 1-3　　　　　　　　武汉市排水分区现有湖泊调蓄能力一览表

区名	排水分区	排水分区面积 /km²	湖泊调蓄容量 /(×10⁶ m³)	湖泊平均调蓄深度 /mm
汉口	常青	60.4	0.334 95	5.55
	黄孝河	51.4	0.124 08	2.41
	湛家矶	16.6	—	0
	沿河	0.64	—	0
	金银潭	13.5	—	0
	沿江	7.2	—	0
汉阳	汉阳沿河	9.67	0.708	73.22
	蔡甸东湖水系	348.6	48.866 1	140.18
	沿江	6.65	0.076	11.43
	烂泥湖	51.3	10.529 34	205.25
	河西	15.9	1.841 5	115.82
	官莲湖	19	5.3	278.95
	川江池	21.8	0.235	10.78
	泛区	268	0.252	0.94

（续表）

区名	排水分区	排水分区面积 /km²	湖泊调蓄容量 /(×10⁶ m³)	湖泊平均调蓄深度 /mm
武昌	东沙湖	174	18.292 1	105.13
	临江	2.66	—	0
	港西	9.5	—	0
	青山镇	2.85	—	0
	工业港	11.5	—	0
	北湖	187.8	26.143	139.21
	汤逊湖	455	76.732 5	168.64
	梁子湖	3 265	—	0

但是,城市雨污合流、初期雨水污染导致湖泊难以有效发挥调蓄功能。湖泊主要雨水闸口27处,其中约60%会在汛期出现由于污染而导致的开闸矛盾。在汛期,由于排口微污染状况而影响长江、汉江水源地取水难,造成主汛期来临之前排水水质污染不敢排,主汛期到来则内湖水位憋高,外排能力不足而不能排的矛盾。

（7）排口不足,泵站外排能力不足。

汤逊湖排水系统 455 km²,只有汤逊湖排涝泵站一个出江口,抽排能力 112.5 m³/s;北湖排水系统 187 km²,也只有北湖排涝泵站一个出江口,抽排能力仅 64 m³/s;梁子湖排水系统 3 265 km²,没有出江口。如图 1-7 所示。

根据 6 月 30 日至 7 月 6 日的降雨量 576.6 mm 计算,汤逊湖水系总降雨量为 2.59 亿 m³,北湖水系为 1.06 亿 m³。综合径流系数按照 0.7 计算,径流量分别为 1.83 亿 m³ 和 0.75 亿 m³,北湖和汤逊湖的湖泊最大调蓄容量分别为 0.261 4 亿 m³ 和 0.767 3 亿 m³,泵站的抽排能力分别为 0.387 亿 m³ 和 0.680 4 亿 m³,北湖管网密度为 0.63 km/km²,重现期 $P<1$ 的管道长度占 20%,汤逊湖管网密度 0.85 km/km²,重现期 $P<1$ 的干管长度占比 80%,可以大概估算排水管线的调蓄容量分别为 9.248 万 m³ 和 7.59 万 m³。

通过以上分析可以知道:如果充分发挥湖泊的调蓄能力,在原有的调蓄容量基础上,通过预降水位提高湖泊的调蓄容量,则理论上武汉城市大部分区域将不会出现滞水情况。但是由于湖泊受到外排能力限制、权属以及雨污混流不能直接排湖等问题的干扰,导致湖泊在汛期难以发挥应有的调蓄功能。实际上,由于现有雨水管网的输送能力低下,仅仅通过泵站的抽排来排除城区雨水,武汉城区大部分区域都将会出现内涝。可见,仅仅依靠地面空间和既有排水管网的排涝能力,极易受到种种限制而不能正常发挥滞洪作用,防灾供需矛盾较大。

1.1.3　地下空间已成为城市扩展的重要资源

城市地下空间是当前我国大中城市拓展的重要领域,容纳了大量的开发建设活动。正如钱七虎院士所说:"19 世纪,人类为了经济发展需要,建造了很多桥梁,所以 19 世纪是桥的世纪;

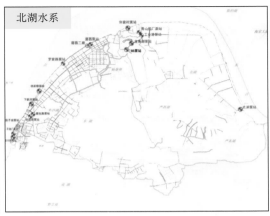

图 1-7　汤逊湖水系和北湖水系出现滞水

20 世纪,人类建造了大量的高层建筑,所以 20 世纪是高层建筑的世纪;而 21 世纪,为了节约能耗、保护环境,人类必须大量地利用地下空间,因此,21 世纪是地下空间的世纪。"地下空间作为未来城市发展的重要空间资源,在我国大中城市中扮演着越来越重要的角色。

由于我国城市土地价格激增,城市中心城区可用土地资源日益紧张。同时,随着地下空间开发技术的进步,开发地下空间的综合成本逐步降低。"十二五"时期,我国城市地下空间建设量显著增长,年均增速达到 20% 以上,约 60% 的现状地下空间为"十二五"时期建设完成。尤其在人口和经济活动高度集聚的大城市,在轨道交通和地上地下综合建设的带动下,城市地下空间开发规模增长迅速,需求动力充足[1]。城市地下空间已经成为缓解城市用地紧张矛盾、改善环境品质,并保障城市可持续发展的重要空间资源。依托轨道交通系统的建设,我国大中城市地下空间开发利用如火如荼。截至 2017 年 12 月,我国已开通地铁的城市达到 31 个,包含港澳台地区则有 35 个(港澳台地区中,香港、台北、高雄、台中均覆盖地铁)。以上海为例,上海轨道交通共开通线路 15 条(不计磁浮线),车站 387 座,全网运营总里程达 672 km,线网总里程位列全球第一。另外,上海市已建成地下工程共 40 949 个,总建筑面积为 104 009 385 m²,人均地下建筑面积达到 4.5 m²[2],如图 1-8 所示。广大东南沿海地区城市,如南京、杭州、深圳、福州、厦门、青岛、天津、无锡、苏州、宁波等已经制定了地下空间规划并实施。中部地区省级城市,如合肥、长沙、郑州、武汉、太原等在东部城市的影响下也开始编制城市地下空间规划。甚至一些发达的县级城市,如浙江省海宁市、江苏省昆山市、山东省即墨区等已开始编制地下空间规划和开展大规模地下空间的开发利用。城市地下空间已经成为我国城市空间拓展的新领域。

---

① 《住房城乡建设部关于印发城市地下空间开发利用"十三五"规划的通知》,建规〔2016〕95 号。
② 上海市地空联办,《2017 年度市地空联办工作年报》(内部资料)。

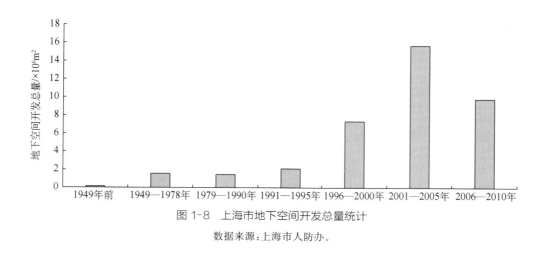

图 1-8　上海市地下空间开发总量统计

数据来源:上海市人防办。

1.2　城市地下空间防灾的研究进展

城市地下空间防灾的研究可分为地下空间内部防灾和地下空间外部防灾(即地下空间的防灾协同作用)两个方面。

1.2.1　国外城市地下空间防灾的研究进展

1. 国外城市地下空间内部防灾的研究

国外城市地下空间开发利用研究,以日本为典型。日本课题组主要针对地下空间开发利用和使用中存在的灾害风险,经过 3 年的系统调研,收集了发生于 1970—1990 年日本本国地下空间内的各种灾害事故,进行归类、汇总和分析,如表 1-4 所列(戴慎志,赫磊,2014)。

表 1-4　　　　　　　　1970—1990 年期间日本国内与国外地下空间各类灾害事故对比

灾害类别		火灾	空气污染	施工事故	爆炸事故	交通事故	水灾	犯罪行为	地表沉降	结构损坏	水电供应	地震	雪和冰害	雷击事故	其他	合计
发生次数	国内	191	122	101	35	22	5	17	14	11	10	3	2	1	72	606
	国外	270	138	115	71	32	28	31	16	12	111	7	2	2	74	809
事故比例/%		32.1	18.1	15.1	7.4	2.7	3.7	3.3	2.2	1.6	1.5	0.7	0.3	0.2	10.2	100

表 1-4 中列出的灾害在地面建筑中同样会经常遇到,如施工事故、结构损坏、交通事故等。此外,地下空间内一些灾害如火灾、爆炸、地震等在灾害的破坏形式和所造成的损失等方面,与在地面建筑中的同类灾害有明显的不同。

1970 年大阪天王地铁瓦斯爆炸事件、1972 年千日前百货大楼火灾等地下空间的灾害发生后,日本于 1973 年制定了《基本方针》,对地下街建设规定了若干限制性条款,打破了原本无秩序的地下街开发,并成立了"地下街中央联络协议会"。1979 年,静冈车站站前黄金地下街发生瓦斯爆炸事件,日本开始重视对与地下街及地下通路合并设置店铺的"准地下街"进行规模与法令上的限制,由五省下达《地下街的基本方针》,除了提出比之前基本方针更严格的规定外,也确定在非不得已的状况不再兴建地下街的原则。1980—1990 年,日本限制地下街的开发,直到1988 年提出"推动公共利用地下空间基本计划策略"才有所改变,开始再度出现较大型的地下街。

国外早年进行的地下空间抗震研究中,美国修建圣弗兰西斯科海湾地区的快速运输隧道(简称 BART 线)时制定的抗震设计标准具有开创性意义。日本从试验和理论等方面对沉埋隧道和地下铁道的抗震设计进行探讨,取得了较多成果。苏联对塔什干等城市的地下铁道计算、结构形式和构造措施也进行了研究。1995 年,日本阪神发生地震,许多国家加大了对地下空间结构抗震设计的研究和投入,日本于 1999 年对铁道构筑物等重新制定了抗震设计规范,大阪市则对高速电气轨道 8 号线地下构筑物的设计制定了抗震设计标准及指南,可据其对隧道和地铁的抗震设计作改进。

2. 国外城市地下空间防灾协同作用研究

国外最早利用地下空间防御的灾害是战争空袭,由此开始规划建设各种人防工程。Nelson和 Sterling(1982)提出地下空间具有天然的隔热、密闭、隔音的特性,可用于存储易燃易爆物质、有毒有害物质、放射性物质等,从而保障危险品的生产、存储安全。Parker(1996),Cano-Hurtado(1999),以及 Nordmark(2000)等认为开发地下空间进行防灾减灾,包括暴雨、洪水、地震、台风、泥石流、雷暴、寒潮等自然灾害,具有非常大的优势。日本部分城市在这方面已经展开探索(Japan Tunnelling Association,2000)。Sterling 和 Nelson(2012)对利用地下空间提高城市可恢复力进行了研究,提出地下基础设施,地铁系统、地下道路、供水网络、排水网络、电力配送网络、信息网络、燃气网络、区域冷暖系统等独特的抗灾特性,对城市的可恢复力有重要影响。

利用"水往低处走"的原理,即地面滞水寻找地势较低处外泄,在地下空间建设深层隧道系统,及时快速排除地面积水,可以提高受保护地区防洪、排涝标准。按照深层隧道承担的职能,大致分为五类:①快速排除洪水;②消除洪峰,蓄滞洪水;③雨水回用;④控制初雨面源污染;⑤保护河流水体水质。美国芝加哥市深层隧道系统,便是为了控制污水外排、保护密歇根湖水质和消除洪峰、滞蓄洪水而建;日本名古屋和东京、马来西亚吉隆坡以及我国香港为了快速排除洪水、消除洪峰、滞蓄洪水都建设了地下深层隧道系统;新加坡为了快速排除洪水,建设的地下深层隧道系统还兼顾了雨水回用。

按照建设方式,深层隧道可以分为单建式和复建式两类。单建式:单独在地下空间建设防洪设施;复建式:与其他地下空间功能性设施共同建设,例如马来西亚吉隆坡"聪明隧道",地下雨水排放隧道与地下道路共建;日本大阪市地下排洪隧道与地下综合管廊共建等。

1.2.2 国内城市地下空间防灾的研究进展

1. 国内城市地下空间内部防灾的研究

针对城市地下空间在使用中存在的灾害威胁,例如火灾、水灾、地震、恐怖袭击等,近年来国内学者展开一定程度的研究。例如城市地下空间防火研究,由同济大学承担的上海市重大科技攻关计划子项"地下空间防灾安全关键技术及其应用"对隧道及地下工程(包括越江隧道、地铁)的灾害规律、灾害检测预警关键技术、安全逃生和消防救援技术以及防灾抗灾先进管理技术等进行了系统的研究,并对长大公路隧道的火灾特性、疏散行为以及救援整治等进行模拟研究,对地铁车站火灾时人员的疏散避难行为进行模拟等,如图 1-9 所示(胡群芳,2010),较好地掌握了地下空间火灾的特性以及疏散避难设计特点,极大地提高了我国城市地下空间防火安全性。地下空间防洪,在《地铁设计规范》《轨道交通工程人民防空设计规范》等规范中均提出对地下空间采取适当的工程性措施,以防止、减少、消除地下空间受到地面洪水的威胁。由于普遍认为地下空间具有抗震性能,因此在我国早期的地下建(构)筑物中几乎没有考虑地下结构的抗震问题。随着日本阪神大地震后地下空间的破坏,地下结构的抗震设计从日本、美国等传入我国。虽然地下结构的抗震研究在我国开展得比较晚,但是当前我国已由同济大学主编制定了国家标准《地下工程抗震设计规范》,指导我国地下建(构)筑物的抗震设计。

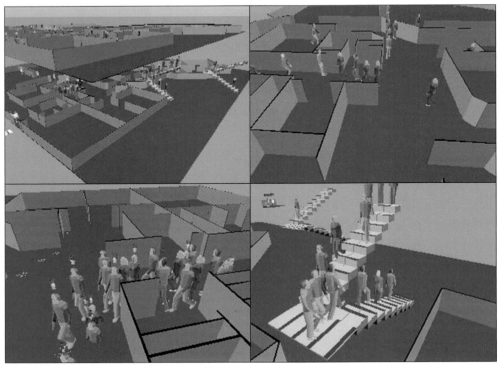

图 1-9 某地地铁站应急人员疏散模拟分析图

2. 国内城市地下空间防灾协同作用研究

国内研究地下空间防灾协同作用,按照时间发展和认识程度大体经历了三个发展阶段:第一阶段,城市地下空间开发利用初期,主要用于抵御战争威胁而建设的人民防空工程;第二阶段,被动利用城市地下空间防御城市灾害,例如地下防灾工程设施等;第三阶段,主动利用城市地下空间防御城市灾害,例如地下人员应急避难体系等。

1) 地下空间作为人防功能及引申

最早介绍地下空间开发利用的著作是《地下建筑学》和《地下空间与城市现代化发展》,作者童林旭(1995,2007)收集了国内外城市地下空间利用案例,尤其是日本的地下空间利用情况,系统地介绍了地下空间的开发利用,提出利用地下空间的防空性能,可将城市生命线系统和重要民用经济目标置于地下空间,提高城市的防护性。这是从人防的角度,提出利用地下空间来保障城市预防战争灾害的安全。随着市政基础设施地下化程度的提高,束昱(2005)在《地下空间资源的开发与利用》一书中借鉴日本的经验,提出将大型市政基础设施置于地下空间,如地下雨水调蓄池等,可以有效提高城市防御自然灾害的能力。但这类研究以案例描述为主,对地下工程设施如何规划选址、如何建设以及怎样发挥防灾减灾的作用等深入的内容未作研究。

2) 地下空间用于灾后应急疏散、避难、救援、仓储等功能

2008年汶川大地震后,国内学者陈志龙、郭东军(2008)首次较全面地提出应利用地下空间较好的抗震性能进行合理的选址和采取抗震措施,将大量分布的地下空间作为地面避难空间的有益补充。地下空间具体可作为:①灾时日用品、设备及食品的存储空间;②人口疏散与救援物资的交通空间;③人员的临时掩蔽所;④临时急救站;⑤地下指挥通信中心。赫磊(2008)提出应该积极利用城市面广量大的人防地下空间作为城市综合防灾设施配置与防灾组织体系的重要组成部分,将人防地下空间与城市综合防灾相互整合,具体包括:①应急物资的储备;②急救队伍的储备;③管理指挥系统的多重使用,等等。陈倬、余廉(2009)总结城市地下空间具有扩大城市空间容量、改善城市环境、节约能源、防灾减灾的功能,把城市中相当一部分功能性设施转入地下,能够有效降低城市易损性,具体策略包括:①开发地下空间,扩大城市空间容量,改善生态环境、降低灾害事件发生的概率;②城市基础设施地下化,减少暴露,降低城市对灾变的敏感性;③利用地下空间的防灾减灾特性,作为疏散避难、应急交通、物资设备储备、通信联络、应急通信指挥等,提高城市对灾害的承受弹性。束昱等(2010)提出"民防工程兼作地震应急避难(险)场所的可行性",在充分调研唐山地震与汶川地震基础资料后,提出一定等级的民防工程可以抵御特定等级的地震,适合在人口稠密、疏散避难场所缺乏的中心城市利用民防等地下空间设施进行地震应急避难。马雅楠等(2012)按照地下空间在城市防灾时的主要功能将其分为四大类空间:避难空间、疏散空间、救援空间和仓储空间。陈志龙等(2013)提出城市地下空间对气象灾害、生命线灾害等具有天然的防护能力,且对于地上空间难以解决的诸多防灾矛盾,如城市的内涝、空袭以及交通堵塞等灾害,地下空间可以提供足够的安全避难空间、救护场所和疏散通道,利用地下空间防灾是城市综合防灾系统的必要组成部分。以上研究以定性描述和案例观察为

主,仅从直观观察和直觉作出判断,缺乏科学论证和实证性验证,因此,对于地下空间的协同防灾功能缺乏说服力,需要开展基础科研证明以上研究的科学性。

3) 地下空间用于防洪排涝功能

除了在学术层面研究探讨利用地下空间防灾,广州、北京、上海等特大城市展开了利用地下空间深层隧道(简称深隧)解决城市内涝、初雨污染等问题的前期研究和方案研究。尤其是广州,为了应对日益频繁的城市内涝,控制溢流污染,针对广州市老城区"截污""初雨污染"和"内涝"三方面的排水问题,在保留并充分发挥现有排水系统和河涌水系作用的基础上,提出应用深层隧道排水技术实现两大目标:一是提高排水主渠道的排水标准,为全面提高城市排水标准创造条件;二是基本消除溢流污染和初雨污染,大幅改善河涌水质。

在人口密集的老城区,由于降水造成城区低洼地区内涝甚至河涌倒灌,河涌的行洪断面不足、容纳水量有限是重要原因。洪水的天然排放体——河涌两侧的建设已经地尽其用,扩充河涌断面受到拆迁安置等众多问题困扰,尤其拆迁量巨大、扰民,影响社会安定与有序运行。扩充地下雨水管线,例如广州市中心城区建设雨水管系统实现雨污分流,在市政道路的浅层地下空间已无可建设空间,同时资金预算巨大。在现实情况下,选择在河涌下的地下空间建设深层隧道,既可扩充河涌容纳能力,又可减少拆迁扰民,同时相比较还可节约预算。规划中的广州市深层隧道系统包括1条主线和6条支线,全长90 km,位于地下45 m深处,如图1-10所示。规划主线为一条珠江北侧的临江隧道,从大坦沙岛到黄埔区,长30 km,主要任务是收集雨污水、调蓄洪峰,防止珠江水体受到污染;6条支线则分别埋设于珠江北岸的6条主要河涌——东濠涌、猎德涌、沙河涌、石井河、驷马涌、车陂涌下方,总长60 km,主要功能是扩充河涌的纳水能力,快速收集排除洪水,如图1-11所示。

深层隧道有很大的过流能力,遇到强降雨天气可作为分洪通道进行排水,缓解城市内涝。旱季和小雨时,深层隧道可作为部分污水输送通道;中等雨量时,深层隧道系统发挥调蓄治污功能;大暴雨时,深层隧道系统发挥防洪排涝功能。同时,修建深层隧道还可进一步提升水环境,将溢流污水和初雨调蓄收集在隧道中储存,雨后送到污水处理厂处理。深层地下空间防洪工程设施的规划建设,将有效提高城市应对突发暴雨内涝、河流洪水的保障能力(王少林,2014)。

1.2.3 国内外研究进展小结

总结国内外城市地下空间防灾的研究进展,城市地下空间内部防灾,对火灾、爆炸、地震等灾害事件的防灾应对主要从地下空间内部的防灾设计方面入手,通过软件模拟、经验总结,防灾应对能力达到比较高的水平,并已经或正在形成地下空间的设计规范用以指导地下空间的内部规划设计,以保障灾害时地下空间内部的安全。城市地下空间防灾协同作用研究,在人防、抗震、防风、防洪方面,国内外已有充分的实践。尤其在防洪方面,利用深层地下空间排除洪水、滞蓄洪峰应用较普遍,取得了良好的防灾效果。近年来,地下空间的深层开发、复合利用,如将防

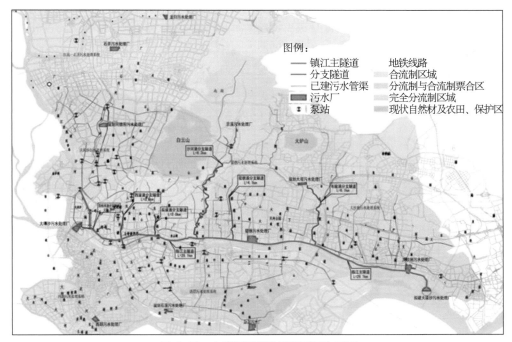

图 1-10 广州深层隧道系统平面布局图

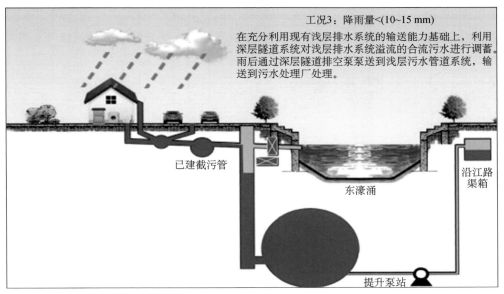

图 1-11 广州深层隧道东豪涌段竖向规划布局图

洪隧道与道路及基础设施廊道相结合,是利用地下空间防灾的新进展。此外,既有地下空间设施的复合利用,如地下空间在地震、风灾时承担疏散避难场所与通道、应急物资储备等方面发挥出不可替代的作用。地下空间是解决城市洪水内涝的重要手段,也是城市应对震灾、风灾的重要途径。

1.3 研究内容与框架

纵观近年来关于城市地下空间防灾的研究,多从地下空间内部防灾的角度研究地下空间的防灾规划与设计,而较少从城市地下空间防灾协同作用角度研究地下空间的开发利用。本书主要针对我国大中城市中心城区高密度、高强度建设地区展开研究。由于中心城区具有地上空间相对缺乏和既有地下空间开发利用的特点,本书侧重于从开发利用城市地下空间满足城市防灾需求的视角展开研究。本书阐述的关键问题包括以下两个方面:

(1)探究城市地下空间防灾协同作用的本质原因。

(2)探索城市地下空间防灾协同的规划对策。

本书分为四大板块,如图1-12所示。

第一板块为第1章绪论,论述研究背景、综述问题的研究现状,明确研究意义。

第二板块为第2章和第3章,理论研究。探究城市地下空间防灾的本质特征与影响因素,研究灾害的成灾理论与规划应对措施,构建城市地下空间防灾理论和防灾协同规划的分析工具。

第三板块为第4章和第5章,规划对策,探索城市地下空间在人防、抗震、防风及防涝等应用中的防灾协同作用及规划措施。

第四板块为第6章,为研究总结与展望。

1.4 研究意义

本书研究结论打破既有城市建成区地下空间开发利用与地上防灾供需矛盾之间的壁垒,从理论层面和操作层面搭建地下空间防灾协同利用的桥梁。对于既有城市建成区地下空间的再利用及城市防灾规划建设具有重要的指导意义;同时,对于新建城区地上地下空间的一体化规划具有指导意义。

(1)城市既有建成区高强度开发使防灾需求激增,而地面防灾空间和防灾功能设施却相对缺乏,与此同时相同区位又有大量地下空间开发利用。一方面是防灾需求供需矛盾突出,另一方面是大规模地下空间并没有开发相应的防灾功能,导致我国既有建成区空间资源的防灾效能没有充分发挥。面对我国大城市普遍大规模开发利用地下空间的现实情况,哪些地下空间可以抵御何种类型的灾害?如何开发利用城市地下空间,为城市的防灾减灾作出贡献?当前我国部分学者提及地下空间的防灾功能,还没有按照不同灾种对不同类别地下空间的防灾功能进行细

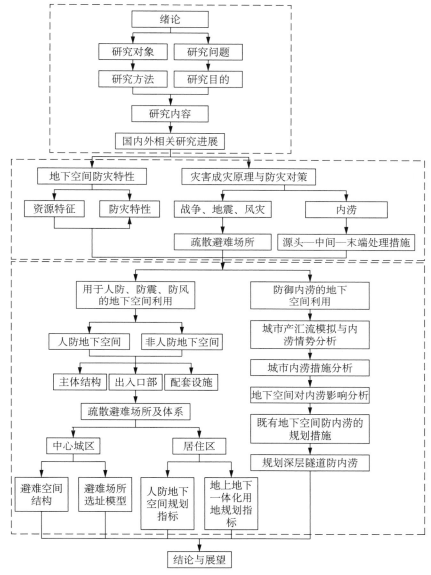

图 1-12 主要内容框架

分,停留在笼统地表述地下空间具有防灾效果,会削弱对地下空间防灾能力的认识,影响人们正确地开发利用城市地下空间进行防灾应对。因此,通过本书的研究,希望能指导既有建成区地下空间的更新改造利用,同时为城市综合防灾和安全韧性城市建设提供一种新的资源、新的手段。本书的研究对城市综合防灾减灾规划建设具有指导意义。

(2)城市新建地区地上地下空间的一体化规划、协同建设,需要从城市综合防灾减灾的视角重新配置资源,能从根本上促进我国城市的可持续发展。从我国城市地下空间开发利用的主要功能可以看出,当前地下空间开发利用主要是从经济发展和空间需求的角度出发,除了一部分人防地下空间和兼顾设防的地下空间考虑战争空袭外,几乎很少从地下空间防御城市灾害的视角考虑其开发利用,而且在开发利用过程中,地下空间除人防以外的其他防灾功能几乎很少提及、被利用。虽然理论上,一个城市蕴藏的地下空间资源是取之不尽、用之不竭的,从地表直到地心的所有地下空间均是未来的资源。但是由于技术手段的限制,一定时期内可供城市使用的地下空间资源量是有限的;而且地下空间一旦被开发利用,很难重新开发,只能废弃。因此,地下空间资源对于城市来说是非常宝贵的空间资源,应尽可能达到物尽其用,多功能开发利用。从我国城市地下空间开发利用的现状分析,地下空间的防空袭仍然是开发利用地下空间的重要防灾功能。但是对于平时灾害和常见灾害,缺乏从综合防灾的视角开发利用地下空间,即从多种灾害应对措施的要求整合地下空间的平时利用。

总之,我国大城市中心城区人口建筑高度集聚,防灾需求集中而普遍得不到满足。城市地下空间大规模开发利用只注重经济效益而忽视多功能整合,地下空间的防灾性能没有得到普遍认可,地下空间开发利用防御灾害只停留在现象观察阶段。大城市中心城区地面空间防灾资源和设施缺乏与地下空间资源浪费和开发利用低效共存的矛盾现象,使得我们需要研究城市地下空间的防灾特性和在城市中心城区整合城市地上地下空间资源和设施,达到城市防灾的要求,促进地下空间的多功能利用。

2 城市防灾的基本理论与一般防灾对策

本章的研究聚焦于四种主要灾种：空袭、地震、风灾和内涝（水灾），挖掘灾害的成灾理论，重点探究各灾害的防灾原理。按照灾害特征与应对特点，大体上将防灾对策分为两类：一类以临灾疏散避难和灾后应急安置为主，突出"避灾"，如空袭、地震和风灾的防灾对策；另一类以工程设施和系统调度为主，强调"抗灾"，如内涝。下面研究城市防灾的一般原理，并分类研究两类灾害的成灾理论与防灾对策。

2.1 灾害的基本理论与防灾理论

2.1.1 灾害的基本构成

史培军和 Mileti 等中外学者对灾害构成有丰富的论著。参考前人的研究成果，从社会建构主义的视角①研究，灾害构成可分为如下三个方面。

1. 致灾因子

致灾因子是直接导致灾害蕴藏、发生的作用因素。按照致灾因子的诱发性特征，将其分为自然致灾因子和环境及人为致灾因子。风灾、内涝（水灾）、震灾、空袭的主要致灾因子包括：台风、龙卷风、风暴潮、寒潮等大气圈致灾因子库；暴雨、冰雹、洪水、内涝等水圈致灾因子库；以及地震、火山、泥石流、滑坡、崩塌、沉陷等岩石圈致灾因子库和人为战争因子等，如表2-1所列。

表 2-1 城市三大类灾害致灾因子数据库基本分类与内容

自然致灾因子	大气圈致灾因子库	台风、龙卷风、风暴潮、寒潮
	水圈致灾因子库	暴雨、冰雹、洪水、内涝
	岩石圈致灾因子库	地震、火山、泥石流、滑坡、崩塌、沉陷

2. 承灾体

承灾体是各种致灾因子作用的对象，是人类及其活动所在的社会与各种资源的集合。城市承灾体可划分为人类、建筑物与构筑物、生命线系统、生产线系统四大类。其中，从衡量承灾的

---

① 起源于芝加哥学派的人类生态学流派，认为人类社会与自然灾害相伴而生，灾害事件激发了人类对自然的探索与认识行动，而人类的行动改变了自然环境，进而产生新的问题，以此循环反复构成了人类社会与自然灾害相互作用的机制。

角度：人类可被表征为人口空间分布特征、人口密度、人口基本特征等；建筑物与构筑物可被表征为建（构）筑物的空间分布、结构形态、使用情况、建设年代、设计标准、造价标准、财产金额等；生命线系统表征为城市生命线系统的分布、设计标准、建设年代、使用情况、造价标准等；生产线系统可被表征为城市主要生产线的构成、空间分布、运行情况等。

3. 孕灾环境

孕灾环境指地球物理系统中除去人类社会与建成环境以外的所有物质世界，是人类赖以生存的基础，包含大气圈、水圈、生物圈、冰冻圈以及岩石圈等。

4. 灾害构成要素的相互关系

进一步分析灾害基本构成的三个要素以及相互之间的关系，可以发现：致灾因子依赖一定的孕灾环境而存在，特定的孕灾环境容纳了某些致灾因子；在一定程度上致灾因子是孕灾环境中那些处于特定阈值的子集，只有在这些子集中的环境要素才可能对承灾体造成灾害。

由此可以认为，致灾因子与孕灾环境共同组成了灾害力，而将承灾体看作灾害力的作用对象。灾害力与承灾体之间的相互作用决定了灾害灾情的大小。灾害力作用于承灾体，承灾体通过人类活动反作用于孕灾环境，改变灾害力的作用强度、频率与方式。同时，随着人类对灾害力认识变得深入，承灾体的结构也将发生改变，进而改变灾害力与承灾体的作用方式和作用结果。

2.1.2 灾害要素的作用机制

在明确灾害基本组成的基础上，研究各组成要素的影响因素，并研究这些影响因素的作用机制。

1. 致灾因子的风险性

致灾因子的风险性包括强度、频度、持续时间、区域范围、起始速度、空间扩散、重现期等要素。致灾因子受到孕灾环境这一大环境的影响，具有趋向性和波动性，同时还具有随机性（史培军，1996）。由于全球变暖带来的影响，局部气象灾害的风险预测非常困难，以往常用的趋势分析法、渐变分析法对气象灾害测不准，因此当前针对灾害的突变性和随机性特征的研究方法开始被应用在风险预测中。在致灾因子风险性分析中，把握孕灾环境的整体变化趋势，利用情景规划方法（赫磊，2012）可以有效把握致灾因子的风险。

2. 承灾体易损性

1）承灾体易损性概念

承灾体易损性，是衡量受灾体遭受灾害破坏脆弱性的大小。承灾体易损性特指城市遭受灾害后灾损的大小，衡量承灾体易损性有许多评价标准。总结已有研究成果，有如下五种方式：

（1）根据不同建筑结构——土结构、砖木结构、钢筋混凝土结构，将建筑物划分为易灾建筑、次易灾建筑和不易灾建筑等。

（2）以城市化水平作为衡量易损性的标准。将城市经济发展水平和社区安全建设水平作为衡量易损性的两个变量，城市化率高的地区，相对具有低的自然灾害脆弱性和高的恢复力。

（3）以人口密度、单位面积上的城市建成区面积以及单位面积上的国民生产总值（GDP）作为衡量易损性的三个指标：人口密度越大，单位面积上的建成区面积越大，城市承灾体可能遭遇地震破坏的概率也越大；但区域 GDP 越高，地震造成的 GDP 损失率反而越小。因此认为，地均 GDP 越高，城市建筑物的抗震能力越强，城市承灾体的易损性越小（徐伟，王静爱，2004；SHI，2006）。

（4）以人口密度和单位房地产价值作为衡量易损性的指标，通常人口密度越大，易损性越大，单位房地产价值越高，说明建筑质量越好，易损性越小。

（5）以人口密度和人均 GDP 作为衡量易损性的指标。通常人口密度越大，易损性越大；人均 GDP 越大，造成的损失越小。

2）承灾体易损性逻辑公式

忽略不同人群的受灾特征不同这一因素，人口分布、人口密度与建筑空间分布、建筑密度和容积率等指标高度相关。通常经济发展水平和防灾减灾能力与避难场所的建设发展趋势相一致：经济发展水平越高，对安全问题越重视；防灾减灾能力越高，疏散避难场所的布局越均衡、服务水平越高。因此，结合既有研究结论，可以得出以下结论：

（1）城市物质空间的易损性与建筑物的质量成负相关。建筑质量越高，建筑物抵抗灾害力的强度越大，造成的灾害损失越小；建筑质量越低，建筑物抗灾能力越弱，造成的灾损越大。

（2）城市物质空间的易损性与避难场所的布局成负相关。避难场所的布局均好性越高，可以提供应急避难救援的能力越大，灾害造成的人员伤亡损失越小，即易损性越小；避难场所的数量越少、布局越不合理，避难需求与避难供给的矛盾越大，灾害造成人员伤亡损失越大，即易损性越大。

（3）城市物质空间易损性与建筑物的建设密度成正相关，这里的建设密度专指地面空间的建筑物建设密度。在其他条件一定的前提下，建设密度越大，建设容量越高，灾害造成灾损的量值越大；极端情况下当建设密度为零时，由于没有物质设施，灾害发生后不造成任何物质灾损。

（4）城市物质空间易损性与用地开发强度成正相关，这里的开发强度也是指地面空间的土地利用强度。在其他条件一定的前提下，土地开发强度越大，建设容量越高，灾害造成灾损的量值越大，即易损性越大；土地开发强度越小，建设容量越小，灾害造成的灾损的量值越小，即易损性越小。

总之，可以认为易损性与建筑质量、避难场所布局成负相关，与建筑密度、容积率成正相关。易损性的逻辑关系式如下：

$$V = \frac{D_e \times F_r}{Q_a \times S_l} \tag{2-1}$$

式中　V——易损性；

　　　D_e——建筑密度；

　　　F_r——容积率；

　　　Q_a——建筑质量；

　　　S_l——避难场所布局。

3）孕灾环境稳定性

孕灾环境是容纳致灾因子的自然环境和人文环境。孕灾环境稳定性刻画出环境的动态变化程度。大多数研究者认为,孕灾环境是使灾情相对扩大或缩小的因素,并不是直接动力。但世界气象组织(WMO)和政府间气候变化专门委员会(IPCC)关于全球气候变暖的研究,暗示环境改变渐渐成为引起极端气象灾害的主要原因。孕灾环境通过改变致灾因子发生的环境,使得致灾因子阈值改变,进而诱使或减缓致灾因子发挥作用。因此,孕灾环境对灾害的形成具有非常重要的作用(史培军,1997)。

4）灾害要素相互作用总结

灾害通过致灾因子风险性、承灾体易损性与孕灾环境稳定性三者而发生、发展。通过对相关影响因素的分析,可以得出致灾因子风险性与孕灾环境稳定性具有自然和人类活动等相同的影响要素,因此可以将这二者合并成灾害力的风险性进行统一分析:自然界本身的规律和人类活动对自然界产生的作用,二者共同引起灾害力的改变。承灾体易损性与物质环境自身的建构相关,即与城市规划建设活动相关。城市建设对自然界的作用又反作用于人类本身。灾害作用机制如图 2-1 所示。

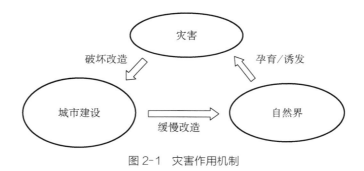

图 2-1　灾害作用机制

2.1.3　灾害的形成条件

1. 灾害形成的要素

从灾害构成与灾害要素的作用机制研究可以看出,灾害事件的发生,主要由以下两个要素构成:

（1）灾害力，由致灾因子风险性和孕灾环境稳定性组成。灾害力三要素包括灾害力的强度（大小）（Disaster Degree，DD），影响范围（空间分布）（Disaster Location，DL），以及作用时间（时间分布）（Disaster Time，DT）。

（2）承灾体，即城市物质空间的物理特性，例如建（构）筑物的结构强度、建设容量、疏散避难场所分布的均好性等。承灾体三要素包括物质空间防灾能力的大小（Resistance Degree，RD）、物质空间分布范围（Resistance Location，RL）以及抵抗时间（Resistance Time，RT）。

灾害形成是由灾害力和承灾体的相互作用决定的，即灾害力三要素与承灾体三要素的量比与相互关系决定了灾害是否发生。杨达源和间国年（1993）提出，自然灾害成灾机制的研究具有量比的含义：一方面是致灾的物质运动所具有的速度、动能和冲击力；另一方面是人为设施的承受能力。在前者大于后者的情况下会造成破坏和损失。

2. 灾害形成的前提条件

灾害力的影响范围与承灾体范围至少有部分重叠，即二者的交集为非空集时，认为承载体将会遭受灾害的作用，具有一定的暴露性 E（exposure）。

$$DL \bigcap RL \neq \varnothing \qquad\qquad (2\text{-}2)$$

3. 灾害形成过程

（1）当 $DT \gg RT$，且 $DD \geqslant RD$ 时，即灾害力作用时间远远大于抵抗时间，只要灾害力强度大于防灾能力的大小，灾害形成。如洪水长时间浸泡建筑物，同时洪水流速产生的冲击力大于建筑侧墙抵抗力，建筑将发生破坏。

（2）当 $DT \ll RT$，且 $DD \leqslant RT$ 时，即灾害力作用时间远远小于抵抗时间，只要灾害力强度不大于防灾能力的大小，灾害不会形成。如短时地震作用，地震动荷载小于建筑物结构强度，建筑物不会发生破坏。

（3）当 $DT < RT$，或 $DT > RT$，且 $DD > RD$ 时，即不管灾害力作用时间长短，只要灾害力强度大于防灾能力大小，灾害发生视可接受风险（Acceptance Risk，AR）水平判断。当 $AR > (DD - RD)$ 时，风险在可接受水平以内，灾害不会发生；当 $AR < (DD - RD)$ 时，风险超出可接受水平，灾害发生。例如轻微地震，虽然发生破坏，但是破坏程度在风险可接受水平内，不需要外部力量救援与恢复重建，认为灾害没有形成；否则超出可接受水平，需要外部力量救援，有外部物质输入，则视为灾害形成。

（4）当 $DT < RT$，且 $DD < RD$ 时，灾害力强度小于防灾能力大小，且灾害力作用时间较短，灾害不发生。例如轻微地震，震级未达到地区建筑防震等级，基本不发生破坏，视为灾害没有形成。

（5）当 $DT > RT$，且 $DD < RD$ 时，灾害力强度小于防灾能力强度，但作用时间较长，灾害的发生视承灾体情况而定。例如建筑物受到洪水浸泡，水流流速产生的动荷载小于建筑物侧向

作用力,此时并不会发生建筑物的破坏;但有可能因为还受到洪水的长期浸泡,建筑物的材料发生了变质破坏而导致了建筑物破坏。因此此类情况视灾害条件具体分析待定。但本书重点分析的是瞬时灾害力作用下的灾情,即不考虑灾害力作用时间的影响,认为灾情的发生、发展主要受灾害力与防灾能力强度的影响。

综合上述灾害形成过程的研究,参考前人的研究成果(方伟华等,2011),灾害风险的大小与物质空间的暴露性成正比,与物质空间的易损性成正比,与致灾因子发生概率成正比,见式(2-3):

$$R = E \times V \times F \tag{2-3}$$

式中　R——灾害风险;

　　　E——暴露性,取决于 DL 与 RL 的空间分布,RL 具有能动性;

　　　V——易损性,见式(2-1);

　　　F——致灾因子发生概率的分布函数,如式(2-4)所示,其中 $f(x)$ 为特定灾害的致灾因子的概率密度函数。

$$F = \int f(x) \mathrm{d}x \tag{2-4}$$

当致灾因子的影响范围 DL、发生强度 DD 及发生概率 F 等已知的情况下,城市灾害风险 R 只与物质空间的分布范围 RL 和易损性 V 相关,易损性一定程度上可看作为防灾能力 RD 的函数(倒数)。

2.1.4　城市防灾的基本原理

1. 城市的防灾途径

根据城市防灾的基本概念、灾害的形成过程,以及公式(2-3),可推导出城市防灾的途径如下:

(1) 终极状态的防御灾害发生,减少物质空间暴露性 E,即降低灾害发生的概率。

(2) 灾害发生后减少灾害造成的损失,即降低承灾体易损性 V。

2. 城市防灾原理

依照不同的防灾效果以及灾害发生概率的大小,可将防灾原理概括为三个方面:

(1) 防灾原理一:减少承灾体的暴露性 E。降低灾害发生可能,从源头上改变灾害形成的环境或条件,灾害力作用范围与承载体覆盖范围相分离,使灾害无法形成。

(2) 防灾原理二:降低承载体的易损性 V。降低灾害造成的影响,更改物质空间构成要素的状态,使承灾体的易损性降低,从而降低极端灾害状态的概率。

(3) 防灾原理三:提高应急疏散避难能力。减少灾害造成的人员伤亡,完善应急疏散避难体系,以此来减少人员伤亡。

以上防灾原理包含着层层递进的关系。"防灾原理一"为终极目标,彻底免去灾害威胁。"防灾原理二"为中间状态,通过城市物质空间的建设提高防灾能力,从而降低灾害发生的概率。"防灾原理三"为许多城市的现状,不仅发生灾害,而且造成物质灾损,此时降低人员伤亡,保护居民的生命安全是最低要求,也是最重要的目标。通过"防灾原理三",为"防灾原理二"创造实现的条件,"防灾原理二"和"防灾原理三"最终都是以达到"防灾原理一"的状态为目标,即消除灾害威胁。

防灾原理总结如表 2-2 所列。

表 2-2　　　　　　　　　　城市防灾原理的构成要素与过程

防灾原理	① 易损性		② 暴露性	灾害
	灾害力(DD)	承灾体防灾能力(RD)	灾害力与承灾体空间关系($DL \cap RL$)	风险
1	无论大小		空集	无
2	$DD<RD$		非空集	无
3	$DD>RD$		非空集	有

2.1.5　城市防灾的基本原则

1. "减少承载体暴露性"原则

在灾害形成研究中,灾害发生的前提条件为灾害力影响范围与承灾体分布范围交集不为空集,即承灾体具有一定的暴露性,见式(2-1)。因此,更改灾害发生的前提条件,当灾害力的作用范围与城市建成区范围相分离时,可避免该灾害发生。例如,地震发生于荒无人烟的荒漠地区,不造成物质财产损失和人员伤亡,此时地震为自然现象,并不构成灾害。

"减少承载体暴露性"原则,首先要求明确灾害力的空间分布与发展变化;其次在选择城市发展方向与建设用地时与灾害影响空间相分离;最后,留足生态容灾空间,以适应变化的灾害力影响范围和控制城市发展边界。这些也是近期我国开展"国土空间规划"中"双评价"的重要内涵之一。

发生于城市地上空间的灾害,可通过地下空间达到隔离效果,减少暴露性。例如,将重要设施置于地下空间,当地上空间风灾、战争空袭时,通过地下空间的周围介质将灾害与设施相互隔离,从而减少承灾体暴露性,降低灾损。

2. "降低承载体易损性"原则

灾害构成要素包括灾害力与承灾体两个方面。灾害力的影响范围、强度、频度在一段时间内不受人为因素影响。通过改变承灾体——城市物质空间的状态,降低城市空间的易损性,进而降低城市灾害风险,从而达到以下目标:①防灾能力大于灾害力时,灾害不发生;②防灾能力小于灾害力,灾害发生,但是通过应急疏散避难,降低人员伤亡。

由承灾体易损性的分析,如式(2-1)所示,城市空间易损性与建筑密度、容积率成正相关,与建筑质量、避难场所分布成负相关。

因此,要降低易损性,一方面应通过减少受灾地区建筑规模与人口规模,即减少受影响范围内的物质与人口;另一方面应通过提高建(构)筑物的建造标准,抵抗灾害力作用而不发生破坏。物质灾损与人员伤亡高度相关,降低物质灾损可在一定程度上减少人员伤亡。但是当一些灾害来临时,即使建(构)筑物等物质空间受损,但是人员伤亡率可能有效降低。因此,降低人员伤亡,在城市物质空间建设层面,主要涉及疏散避难体系的建设,包括疏散避难场所、疏散避难道路、应急救援道路、应急基础设施和应急保障设施等。

通过开发利用地下空间,将一部分地上空间的设施、建筑置于地下空间,一定程度上可降低地面建设强度。地下空间建(构)筑物对于风灾、地震、战争空袭等均具有比地面建筑更优的防抗能力,可以认为间接地提高了城市的建(构)筑物的抗灾标准。由式(2-1)可知,地下空间的开发利用,降低了地面空间的开发强度 F_r,增加了建(构)筑物的设防标准 Q_a,从而降低物质空间的易损性。因此,对于战争空袭、风灾、地震等灾害,地下空间的开发利用具有降低城市易损性的作用。具体分析见后文。

2.2 我国大城市主要灾害类型

《国家突发公共事件总体应急预案》(2006)将突发公共事件主要分为四类:①自然灾害,主要包括水旱灾害、气象灾害、地震灾害、地质灾害、海洋灾害、生物灾害和森林草原火灾等;②事故灾难,主要包括企业安全事故、交通运输事故、公共设施和设备事故、环境污染和生态破坏事件等;③公共卫生事件,主要包括传染病疫情、群体性不明原因疾病、食品安全和职业危害、动物疫情以及其他严重影响公众健康和生命安全的事件;④社会安全事件,主要包括恐怖袭击事件、经济安全事件和涉外突发事件等。表2-3为我国部分特大城市遭受主要的自然灾害风险,包括洪水、地震、台风及风暴潮、地质灾害(崩塌、滑坡、泥石流、地面沉降、地面塌陷、地裂缝)、缺水五大类,其中前三项具有普遍性。从灾害风险和灾损严重性角度可以看出,对我国大城市造成灾害风险的普遍灾害类型有:洪涝、台风、风暴潮、地震与地质灾害等。

美国学者 Chester 等(1979)从力学角度研究了自然灾害和人为事故灾害与地下建筑的相互作用,如表2-4所列。从分析中可知,当地下建筑出入地面的口部处理、裸露于室外的承重结构以及内部防灾设计与逃生通道设计合理的前提下,地下空间对于气象灾害具有完全的防护能力;对海洋灾害和水灾不具有防护能力;对于火灾、爆炸、核泄漏等具有较高的防护能力;对于地震具有中高防护能力;对其他地质灾害的防护能力较低。传统设计的地下空间,未按防灾安全要求设计,对企业事故、交通运输事故、公共设施和设备事故、核泄漏、战争空袭等具有较低的防护能力;一旦经过口部设计,则具有较好的防护能力。

表 2-3   我国部分特大城市遭受的主要自然灾害风险

城市	主要自然灾害					
	洪水	地震	台风及风暴潮	崩塌滑坡泥石流	地面沉降地面塌陷地裂缝	缺水
北京	●	●●			●	●●●
上海	●●●	●	●●●		●●●	
天津	●●●	●	●●●		●●●	●●●
重庆	●			●●●		
广州	●●●	●	●●●			●
成都	●	●				
南京		●	●			
武汉	●				●	
沈阳	●	●	●		●	●●●
长春	●	●				●
哈尔滨	●					●
西安		●			●●●	●●●

注：灾害风险程度等级：●表示一级风险；●●表示较严重风险；●●●表示严重风险。
来源：戴慎志、赫磊，2014。

表 2-4   地下空间的防灾分析

灾害类型			地下空间是否可提供防灾保护	
			传统设计	防灾设计
自然灾害	气象灾害	龙卷风	高	完全
		台风	完全	完全
		大雷雨阵风	完全	完全
		冰雹	完全	完全
		闪电	完全	完全
	海洋灾害	洪水	无	无
		台风潮汐	无	无
		大坝溃堤	低	低
		海啸	低	低

灾害类型			地下空间是否可提供防灾保护	
			传统设计	防灾设计
自然灾害	地震及地质灾害	雪崩	中	高
		滑坡	低	低
		泥石流	低	低
		地震	中	高
		火山灰	低	低
		火山泥石流	低	低
		森林火灾	高	完全
事故灾害与战争	企业事故、交通运输事故、公共设施和设备事故	飞机失事	中	高
		易燃液体泄漏及火灾	低	中
		寒冷天气中停电	高	完全
		有毒物质挥发	低	低
		有毒物质喷发	低	高（需要添加过滤）
	核泄漏	核反应堆事故	低	高（需要添加过滤）
		放射性喷发物	低	高（需要添加过滤）
	战争空袭	土地污染	高	高
		核武器爆炸	低	中

来源：chester 等，1979。

考虑国际国内形势，特别是特大城市，防御战争空袭始终是城市发展中需要特别重视的灾害。结合我国大城市普遍的灾害类型，总结城市地下空间可防御的灾害类型，包括战争空袭、地震、风灾、内涝（水灾）、事故与故障等五大类。本书重点研究战争空袭、地震、风灾、内涝（水灾）四大类灾害。

2.3　空袭、地震、风灾的成灾理论与一般防灾对策

2.3.1　空袭、地震、风灾的成灾理论

1. 空袭的成灾理论

从第二次世界大战以来的历次战争可以看出，空袭已成为现代战争的主要手段。由战机携带具有一定攻击性的常规炸弹、核武器以及生化武器等，向预定的打击目标定点投弹，引爆后能产生如下破坏效应。

1）常规炸弹爆炸

常规炸弹以一定高度、较大的速度、非常大的冲量冲击地面产生一定的侵彻并爆炸，或在半空中爆炸，并进而产生爆炸荷载（包括弹片冲量），对地面建（构）筑物和人员造成伤害。当爆炸荷载大于建（构）筑物结构内力及稳定性时，建（构）筑物将发生局部或整体破坏；人员直接受到爆炸荷载的影响，在建（构）筑物倒塌破坏影响下出现伤亡。

2）核武器及生化武器

核武器爆炸产生破坏主要有核爆炸冲击波荷载、压缩波荷载，以及放射性、有毒性物质的污染。核爆炸冲击波荷载、压缩波荷载对建（构）筑物产生结构破坏，且对人员产生致命伤害。放射性、有毒性物质将对环境造成长期污染。

总之，战争空袭会对暴露于地面的建（构）筑物造成严重破坏，人员出现致命伤亡。

2. 地震的成灾理论

地震后能引起一系列其他自然灾害，如火灾，海啸，河堤决口溃坝，形成堰塞湖造成山洪、泥石流，引起土壤液化造成新的地质灾害等。本书主要研究地震直接致灾，包括对建（构）筑物基础破坏和结构破坏两方面。

1）地震对结构的破坏

地震释放出能量以垂直和水平两种波的形式向四周传递。垂直波的影响范围较小，但破坏性很大；水平波影响范围大，但破坏性相对较小。地震荷载对建（构）筑物产生的反应加速度是使建（构）筑物破坏的主要外力，地震的持续时间也是主要破坏因素之一[①]。震中建筑物的破坏以垂直剪切破坏为主，震中以外地区地震对房屋的影响以水平摇晃为主，如果地震荷载的水平作用力大于建筑的抗侧移能力，建筑物将发生剪切破坏。当地震的持续时间较长时，虽然最大地震动荷载没有达到建筑物抗侧移极限荷载水平，但是经过地震荷载持续的作用，会使建筑物抗侧移结构发生疲劳破坏并最终导致结构破坏。

2）地震对地基的破坏

地震对地基的破坏作用主要表现为土体液化。土体液化通常发生在疏松的无黏聚力的饱和土体中。此时粗骨粒土体之间的空隙完全被水填充，水对周围土颗粒有压力作用，从而决定了土体颗粒之间压缩的紧密程度。在地震发生前，水压力相对较低。但是地震会导致水压力上升，直到土体颗粒之间可以相互移动。在地面运动和土体剪切强度减小到零时土体的孔隙水压力突然增大的情况下，土体强度降低，土体的支撑能力降低，液化的土体上部承载的结构将遭受较大的位移，从而建（构）筑物的基础会随着支撑土体的移动而发生位移。在此过程中建筑基础可能发生破坏，导致建筑物整体破坏。

地震以地震波的形式传播能量，当地震波从基岩传入场地时，土壤介质在地震波的作用下会产生运动（通常是放大作用），同时将运动传递给地下工程结构。在地震作用下，地下工程结

---

① 2008 年《中国国家地理》地震专辑。

构的动力响应可分为地基失效和地基震动及变形两类。一般认为,对地下工程结构动力反应起主要作用的因素是地基的震动及变形。

3. 风灾的成灾理论

风荷载是由于空气流动而产生的。其破坏方式主要有两大类:①大风诱发其他破坏类型,例如台风携带暴雨在台风路径中造成涝灾、台风揭起海浪在沿海地区造成洪灾等;②风荷载直接致灾,例如台风、龙卷风对建(构)筑物的风压破坏以及大风携带残片对建(构)筑物的撞击破坏等。由风灾引起其他灾害的破坏,例如水荷载破坏,将在 2.4 节中详细叙述。风荷载直接致灾是本节重点关注的内容。

1) 风荷载对建筑物的破坏机理

风荷载包括平均风和脉动风,风力大小随时间改变而不同。风荷载的破坏主要取决于风压的大小与建(构)筑物自身的结构的受力特性和稳定性。当风荷载强度超过建筑物的设计抗风能力时,风压会造成建筑物倒塌,负压会造成屋顶被掀走。例如,龙卷风引起的负压是造成许多建筑毁坏的重要原因(刘少群等,2011)。全涌、顾明(2008)在调查中发现,木构架、砖木、石木及砖混结构等四类抗风刚度较弱的民房在风灾中倒塌居多;老旧木结构房屋风损、风毁最为严重。当受强度较小的台风侵袭时,砌体和框架主体结构基本不会发生严重破坏,但屋面、窗户或楼盖则可能遭受破损;在遭受强台风侵袭时,砌体和框架主体结构也难幸免。房屋的屋面、窗户等围护结构最易发生风灾破坏。

2) 风荷载对风灾易损结构物的破坏机理

风灾易损结构物是指城市中一些易于损坏的结构物,如高层建筑玻璃幕墙、户外大型广告牌、空调外机以及交通系统和城市绿化等,是风灾防御中的薄弱环节(艾晓秋、秦彤,2010)。大风主要摧毁建筑物,毁坏桥梁道路,导致交通、通信中断,吹倒城市行道树、广告牌,破坏城市绿化,吹落阳台的花盆杂物砸伤行人,甚至造成惨痛的人身伤亡事故。风灾还对城市地面上的供电系统的破坏性很大,除直接损失外,停电造成的间接损失也很大(陈波,2008)。

总之,城市空袭、地震和风灾均是由一种外力作用于城市物质空间和其中的人员,且这些外力在时域上发生的规律性并不明显,时间和地点随机性均较大。由于空袭爆炸、地震和风灾的影响范围广泛,且作用力巨大,使承灾体的暴露性和易损性同时发生,会产生物质损失和人员伤亡的严重灾害后果。

2.3.2 空袭、地震、风灾的一般防灾对策

根据城市防灾的基本原理和基本原则,针对空袭、地震和风灾,总结归纳城市防灾在城市规划和城市防灾规划方面的一般对策如下。

1. 应对空袭的防灾对策

1) 城市发展模式——分散式郊区化发展

从减少暴露性和降低易损性的角度出发,提出城市分散型发展模式来降低城市建设密度和

人口密度,以此避开空袭的重点目标,降低伤亡和损失。第二次世界大战后,关注到空袭威胁的严重后果,城市是人员、财产相对集中的地方,是遭受战争打击的首选场所。因此,分散的郊区化发展模式如卫星城,成为美国、苏联主要城市空间结构。苏联将新城规划成分散的城市,用郊区代替集中的城市;在改造现状城市时,建设宽阔的街道、人工蓄水池,环绕城市的高速公路网络,降低建筑密度,从而减少可能的爆炸和火灾损失(张翰卿,2008)。但是现代战争已从大规模空袭转变为精确打击,使分散型城市发展模式应对战争空袭失去意义。

2)疏散避难——人防工程规划建设

从减少暴露性和降低易损性的角度出发,疏散人员、就地掩蔽,以此来降低易损性。当前,城市防战争空袭的对策主要是通过规划建设人防工程系统,以保护重要目标和保存有生力量。在城市中根据国家的相关法律、部门规章以及技术标准,结合当地城市的实际情况,确定人防建设标准和目标,并通过人防工程规划统领人防及地下空间开发建设,达到国家相应要求的战地指标和标准。当发生空袭事件时,提前预警并疏散部分人员,留用人员快速就近掩蔽进入地下人防工程,指挥、专业队、医疗救护等各系统快速转换为临战状态。一般规定听到警报后 10 min 内人员全部进入人防工程,即人防工程服务半径不宜大于 200 m。

2. 应对地震的防灾对策

战争因素逐渐褪去对城市空间结构的影响。从巨大地震灾害对不同城市的破坏以及灾后应对与恢复重建中发现,多中心网络化的城市空间结构较单中心城市结构具有更大的冗余性和多样性。分散的多中心结构不仅能有效降低集中建成片区的二次灾损,网络化的联系还可以提供不同城市中心之间的替代、相互救援、功能互补等职能。例如观察日本神户城市空间结构(图2-2)和唐山地震灾后重建城市空间结构(图2-3)可见,多中心网络状城市空间结构表现出更好的防灾安全性(张翰卿,2008)。

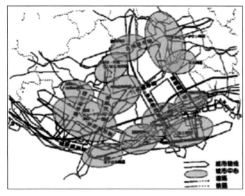

图 2-2　神户市城市结构示意图

来源:村桥正武,1996。

图 2-3　唐山震后重建城市空间结构

来源:刘恩华,1997。

1）减少暴露性——建设用地选址

减少城市暴露性，即通过措施使得高烈度地震影响范围内的城市物质空间尽可能少，或物质空间包含的物业价值和人口尽可能少。由此可知减少城市暴露性的措施主要有：

（1）既有建成区用地置换与搬迁：在高烈度地震影响范围和强度已知的条件下，将其影响范围内的物质空间进行置换，物业和人口搬迁并异地安置；或者首先将高烈度地震影响范围内的物质空间进行置换和搬迁。

（2）城市新建地区灾害影响区划：在地震灾害影响高烈度范围内禁止城市建设，在一般强度范围内限制特殊类型的用地功能，并限制土地的高密度和高强度开发。

尽管如此，由于地震灾害具有不可预知性，建设用地选址并不能完全避免地震灾害；建成区大规模用地置换与搬迁也会带来其他的问题。

2）降低易损性——结构安全、低密度

城市规划对建筑物的建设标准提出防灾要求，包括对既有建筑物的加固改造和对新建建筑物的防灾建设要求。参照所在地区的烈度区划、建筑的重要程度、地质地形等因素，确定建筑的抗震等级，并按照构造要求建设，达到建筑抗震设防水准。

通过改造高密度的连片开发地区，疏解人口、更改局部用地用途，适当增加开敞空间用地，降低人口密度，从而减少灾害发生时人员损失量、降低连片建筑破坏的相互影响，并留出必要的逃生空间和防火隔离空间。

3）降低易损性——疏散避难

疏散避难体系包括场所和通道两部分。疏散避难场所主要包括开敞空间和部分公共服务设施，承担灾时应急和灾后恢复安置的功能。由于承担重要的疏散避难功能，此类用地对基地安全性要求较高，同时对分布于周边的建（构）筑物的建筑质量也提出较高要求，其避难容量与可达性应满足避难人口的需求。

避难通道承担着灾后应急救援和应急疏散的重要职能，是最重要的生命线系统，因此自身对基地安全性要求较高；疏散避难通道两侧的建筑物灾时倒塌应避免堵塞道路，因此对建筑物的建设标准与建设高度提出要求；同时，疏散避难通道还应将"靶区"与疏散避难场所之间便捷地联系起来，提高输送能力和可达性。

3. 应对风灾的防灾对策

由于风灾发生时域的不确定性，城市建成区将完全暴露于风灾中，无法避免灾害的发生，只能通过降低易损性来减少灾害损失。

1）降低易损性——结构安全、低密度

高耸建筑、风灾易损结构等经常受到风荷载的作用，风荷载作用下的结构内力与结构稳定性是结构安全的重要控制要素。因此，通过结构设计，提高建筑抵御风灾的破坏能力是比较有效的常见措施。

与抗震措施类似，降低已建成区的连片建设地区，可以避免风灾破坏对建筑造成的相互影响,同时降低人口密度,增加开敞空间,降低风灾损失的规模。

2) 降低易损性——疏散避难

当遭遇龙卷风、飓风等极端风灾时,所有在影响范围内的常规建筑都会受到极大破坏。由于此类灾害可以提前预警,受到灾害影响地区的人员会立即采取疏散避难措施:部分人员就地掩蔽进入地下空间或坚固的避难场所中;部分人员提前长距离疏散进入安全地区(空间)。由于风灾可以提前预警,其避难对时间和距离的要求并不敏感。但是缩短避难时间、短距离疏散却有利于疏散的组织和保证疏散过程中的安全。

综上所述,灾害发生具有随机性,减少暴露性的措施效果十分有限,尤其是绝大部分城市已建成,其暴露性已经确定,并且随着灾害强度、频率的增加,发生灾害损伤的概率还会增大。因此,防灾对策的重点就是降低易损性,这也恰恰是三种灾害防御的共性。其中,对于物质空间,依据灾害作用力的可接受程度,可分别采取结构安全和低密度建设等措施。但是,当作用力足够大时,如战争空袭足以摧毁城市地面的任何建(构)筑物,人员疏散避难将是最重要的办法,其在三种灾害的防灾对策中扮演着非常重要的角色。尤其对于特大城市,人口集聚、人员异质性高,突发灾害时疏散避难场所具有特别重要的作用。

2.3.3 城市避难场所的规划策略

从空袭、地震、风灾的发生机理分析城市防灾对策,发现这三种灾害都具有"发生时域不确定、影响范围广和灾害强度大"的共性特征,会对既有城市建成区造成较大的易损性。针对这三种灾害,对于大城市既有建成区防灾对策,疏散避难具有非常重要的作用。以下着重对避难场所进行研究。

1. 避难场所规划布局的方法

按照客观物质空间规划与主体行为之间的互动关系,大体上将避难场所规划布局方法分为以下两类。

(1) 忽略人的避难行为的避难场所布局,即基于疏散避难场所覆盖均匀性、布局可达性的均好性原则进行规划布局。应用 ArcGIS 软件进行空间数据的统计分析,满足避难人员避难可达性、均好性的要求,且提高设施的服务效能、提升设施的服务能力。例如,黄静等(2011)立足于社区夜间避震疏散需求,综合运用 GIS 空间分析技术,从应急疏散需求分布、疏散空间可达性、疏散优化归属三方面逐步构建居民避震疏散区划方法,并选择上海市人群和建筑相对密集的陆家嘴街道为对象开展实证研究。

(2) 基于人的疏散避难行为的避难场所规划布局,即以紧急情况下单个人及群体的疏散避难行为为基础,规划布局疏散避难场所,更加贴近真实状态。如美国学者 Quarantelli(1995)较早地研究个体与群体在灾时紧急情况下的行为,提出个体在紧急情况下的行为表现明显不同于群体的行为。需要根据不同的群体行为特征有针对性地规划布局避难场所。日本学者提出基于人的逃生自救的避难路径选择以及疏散避难场所布局等内容。但是目前在实践中,仍然以固有避难场所的选址、服务范围为基础,仍较少融合人的应急行为进行避难场所的再选择。我国学者林姚宇等(2013)引述前人研究,基于行为学对疏散避难人员决策影响要素进行梳理,对高密度住宅区疏散避难人员的决策行为进行理论公式推导,构建概率选择模型,但是尚未展开实证和具体应用。

目前第二类方法研究尚不成熟。第一类方法在规划领域应用比较普遍。本书也是基于第一类研究方法的讨论。

2. 避难场所规划布局的量化模型方法

定量方法主要是将避难场所的选址问题抽象为物理模型或数学公式进行研究的方法。既有研究中主要有物理模型法、数学规划法、P-中值法(Hakimi)、P-中心法、覆盖模型、复杂网络法、仿真法以及这几种方法相结合的方法等,其中,P-中值法、P-中心法和覆盖模型应用最为广泛。

1) 以重心模型、引力模型等为代表的物理模型

Fernández 等(2007)、Tóth 等(2009)与 Bello 等(2011)运用引力模型把选址问题简化成数学问题,求解答案即为最佳位置。方智等(2009)针对应急系统选址的特点,采用重心法和微分法,并结合实例选定应急服务中心。胡晓晗(2016)对居民避难选择模式进行探讨,以此为据建立避难引力模型。

2) 数学规划法

An 等(2013)研究了基于运输的疏散系统的优化设计,考虑到疏散设施的失效概率,提出了一个紧凑的线性整数规划模型来确定最佳疏散设施位置,以平衡被疏散人员的风险与疏散机构的运营成本之间的利益,从而最小化所有可能设施中断场景下疏散设施的位置规划(如设施设置)和疏散操作(车队管理、运输)的总预期成本。为了解决紧急疏散状况下交通控制设施和管理人员有限的问题,张雄飞等(2013)运用混合整数非线性规划(MINLP)的静态和动态模型识别重要节点,同时确定这些位置的最优交通控制策略,使紧急疏散的系统总成本最小化,同时得出结论:只要识别出重要的交通节点并加以控制,系统也能接近所有交通节点都控制时的理想最优状态。Fırat Kılcı F(2015)提出一种基于混合整数线性规划的临时避难场所选址方法,并通过使用土耳其伊斯坦布尔 Kartal 的实际数据来验证数学模型。

3) P-中值法与 P-中心法

P-中值问题最早是由 Hakimi 在 1964 年提出的,指在设施点给定的情况下研究如何选择 P 个服务站使需求点和服务站之间的距离与需求量的乘积之和最小。其方法思路是在服务场所设施满足需求的情况下,服务场所设施总成本最小(李昱杰,2014;陈红月,2017)。此模型以效率优先(所有人员的避难距离最短),兼顾公平(所有人员均可避难),假设前提为避难场所的规模等级等对避难人员的选择并无影响,避难人员只通过与避难场所的距离(时间)来决定避难行为的选择。存在的缺陷是对于避难场所的容量(避难场所的有效面积)没有限制,避难选择不仅取决于避难距离(时间),还受到避难场所的等级、规模等服务水平的影响。因此,P-中值模

型并不能较好地满足避难场所的选址优化要求。

P-中心问题,指为寻求服务场所设施最优选址,服务场所设施数量一定,最小化需求点到达设施点的最大距离,确保区域内所有公众需求点到达其最近的服务场所设施点之间最大距离的最小化。模型以公平为前提,注重为最远的需求点提供最快捷服务。但模型缺点在于一方面满足偏远点需求,在成本上就要增加,会导致部分资源浪费,另一方面忽略了需求方的选择偏好。

典型的P-中值模型以及P-中心模型都已明确服务点位置,但实际情况中通常难以确定避难场所位置。在规划中,除了选择避难场所位置,通常还要考虑用最少的避难场所服务更多的人员,或者说怎样使避难场所发挥最大效用。

4)覆盖模型

集合覆盖问题(LSCP),即完全覆盖问题,是分析如何保证所有公众需求点全被服务,且所需求的场所设施数量最小且选址区位最优。该模型的最终目标是获取服务场所设施选址的成本最小。该方法适用于场所设施初期选址布局阶段,综合考虑服务范围全覆盖下,最小化其配置的总成本。假设前提为避难需求点内部人员不可分割,一个避难需求节点只能到一个避难场所,实现了规划的公平问题(所有人员均可避难)、成本最小化(最少的避难场所),但其缺点就是未考虑场所的规模影响(避难场所的有效面积)、距离限制(避难时间上限)和效率问题(所有人员的避难距离最短),无法考虑现有设施的分布情况。

最大覆盖模型(MCLP)最早是由 Church 和 Re Velle 基于集合覆盖模型提出的,目标是在已知服务场所设施数量以及各类设施的覆盖半径的基础上,寻求最优选址布局,使得落在服务范围内公众需求点的数量最大化。此模型也有着一定的局限性,即无法确保所有需求区都得到服务场所的服务,无法保证公平性。但最大覆盖模型使避难场所覆盖范围最大化,达到了对现有可用的避难场所利用率最高的目的。Wei L(2012)考虑应急救援设施的公平性和效率,整合集合覆盖问题(LSCP)与最大覆盖模型(MCLP),通过洛阳实例进行定性与定量相结合讨论了模型的求解方法和一些解决方案策略,为预算不足的发展中城市提供了一种可行的决策方式。集合覆盖是确定能覆盖所有需求点的设施数目最小,但一般覆盖全部需求点可能会导致过高的成本,如果处于成本的预算限制,只选择 P 个设施,则最大覆盖模型是确定 P 个设施,使覆盖需求点的人口或其他指标最大。

5)复杂网络模型及仿真模拟方法

Zhang N 等(2014)采用复杂网络模型,选取道路荷载、可达性和应急避难安全距离三个指标,从疏散路线的拓扑结构分析疏散道路的脆弱性,未考虑实际疏散中动态的交通流和不确定的环境条件。Osaragi T(2011)针对东京世田谷区发生破坏性地震后居民的避难行为进行数值模拟,并考虑倒塌建筑物、火灾蔓延、街道的阻塞对不同交通工具使用者的影响,但是存在一定的局限性:仿真需要进行相对比较严格的模型的可信性和有效性的检验;有些仿真系统对初始偏差比较敏感,往往使仿真结果与实际结果有较大的偏差;对设计人员及硬件要求较高。

多准则决策法、数学规划法、启发式算法、仿真方法各自有自己的优缺点和一定的适用范围,各种方法的组合研究是未来研究的一种趋势。

3. 避难场所规划布局要求

(1) 避难场所的规划布局首先应满足安全性的要求,即遭受灾害后避难场所的建筑和场地应安全可靠。在避难场所遭受空袭、地震和台风、龙卷风后,主体结构稳定,且不受次生灾害的影响。

(2) 避难场所规划布局应符合避难人员的避难特征和行为习惯,就近避难,快速可达,避难通道安全,出入口安全。

(3) 避难场所的规划布局应满足避难人员基本的生活需求,如食物、饮用水、生活用水、通信等,配备必要的应急服务设施和基础设施。

2.3.4 一般防灾对策中地下空间利用的局限性

(1) 空袭的一般防灾对策主要是利用地下空间作为防灾工程设施,涉及人防工程规划类型,对人防地下空间的平战结合作出了相关规定和融合创新利用的要求。但是,在地下空间的战灾结合方面,即将人防地下空间与其他灾害类型的防灾减灾措施相结合,在理论与方法上还缺乏创新。尤其在和平年代,人防地下空间的综合防灾减灾利用,是提高人防地下空间资源利用效率的重要内容。目前,在城市规划领域的人防专项规划编制中,针对人防需求进行针对性规划设计,缺乏统筹考虑地下空间的防灾功能与综合利用;在综合防灾减灾规划中,地下空间作为城市防灾减灾的重要资源,缺乏综合开发利用的理论支撑和多种防灾功能的可行性研究等,在以上规划阶段未充分开发利用地下空间,导致现今地下空间人防设施利用低效。

(2) 地震的一般防灾对策主要是利用城市空间结构、用地选址、开发控制、工程结构、疏散避难场所体系等系统的对策措施,均不涉及城市地下空间的开发利用。由于城市规划中涉及抗震防灾的内容不包含地下空间开发利用的对策措施,且地下空间的开发利用规划中也不涉及抗震防灾的功能与规划对策,因此,地下空间开发利用中的抗震防灾对策措施缺乏基础理论和规划方法的支撑,地下空间的抗震防灾利用具有局限性。尤其是避难场所在规划建设方面,由于我国大中城市中心城区高密度、高强度开发建设导致避难场所需求量大,然而地面避难场所资源供给缺乏,供需之间的不匹配造成单单依靠常规地面空间无法满足抗震防灾规划的指标要求,例如人均避难场所使用面积指标不达标、部分地区人员在规定时间内无可用避难场所等。

(3) 风灾的一般防灾对策主要是利用工程结构、开发控制、疏散避难场所体系等对策措施,不涉及城市地下空间的开发利用。同地震的一般防灾对策类似,地下空间开发利用在防风灾对策措施中缺乏基础理论和规划方法的指导;不同于地震的一般防灾对策,防风灾的疏散避难场所供需矛盾尚未达到抗震防灾的矛盾水平(一般以台风为研究对象,类似于我国盐城地区"6·23龙卷风"的特殊情况,疏散避难需求较大,供需矛盾突出),因此地下空间开发利用防风灾功能具有一定的局限性。

2.4 城市内涝的成灾理论与一般防灾对策

在 2011 年修订的《室外排水规范》中首次明确提出"城市内涝"的定义:强降雨或连续降雨超过城镇排水能力,导致城市地面产生积水灾害的现象。这里严格区别于城市洪灾,即由河流、山洪、海潮等引起的江河漫堤导致城市遭受洪水灾害。而城市内涝与洪灾往往难以截然分开。本书研究城市水患主要是内涝,适当情况下考虑洪灾。

2.4.1 城市内涝灾害的成灾理论

根据城市内涝形成的物理过程,将城市内涝的成灾分为"产流—汇流—内涝"三个连续的发展过程分别加以研究。

1. 降雨产流的发生机理

降雨产流是指从降雨开始,雨水通过与下垫面的相互作用,即透水面的蓄水、植物截留及渗透,不透水面的蓄水、填洼等,多余降雨在相对不透水面上形成地面径流或地下径流的过程。以下从降雨的特性、下垫面的构成与特性、雨水与下垫面的相互作用过程、理论解析、计算方法和影响因素等方面阐释降雨产流的发生机理。

1) 降雨的特性

降雨的特性对于产流的发生具有重要的能动性的影响。同一城市下垫面,遇到不同的降雨过程,是否产流以及产流的特征是不同的,因此,有必要对降雨的特性做大致了解。通常,从研究地面产流的角度分析降雨的特性,主要包含三个方面:降雨强度(雨强)、降雨历时(时长)和降雨量时程分布(雨型)。

(1) 降雨强度(雨强),指单位时间内的降雨量,是区分降雨类别(小雨、中雨、暴雨、大暴雨、特大暴雨等)的指标。降雨强度受到客观环境的影响,一定程度上不受人为控制,但是对下垫面产流有重要影响。在本书研究中,雨强作为已知条件输入,通常按照概率统计方法以一定重现期的降雨强度作为研究标准。

(2) 降雨历时(时长),指一次降雨持续的时间。降雨历时也受客观环境的影响,在本书研究中,降雨历时一般以市政工程最长取 1~2 h 为标准。降雨历时一般与雨强耦合在一起,共同对下垫面的入渗产生影响。

(3) 降雨量时程分布(雨型),表示一场降雨历时的降雨强度分布情况,是降雨强度与降雨历时的结合。根据降雨历时过程中降雨强度的变化,可将雨型划分为不同种类型:雨强恒定不变的均匀雨型,雨强峰值发生于降雨开始时段的前锋雨型,雨强峰值发生于降雨末尾的后锋雨型,雨强峰值发生于降雨中间的,如芝加哥雨型,具有两个雨强峰值的双峰雨型等。不同的雨型对下垫面的下渗能力的影响不同。雨型对降雨产流也有重要影响。

2）下垫面的构成与特性

城市下垫面的构成，从降雨产流的角度，可分为不透水面和透水面两大类：不透水面包含屋顶、道路、广场等防水、硬质表面；透水面包含绿地、水面等。下垫面竖直方向是由渗透性能各不相同的不同厚度的物质层构成，如不透水面的表面是由渗透性非常小的物质，如沥青、防水材料、混凝土等构成；透水面表明是由相当渗透性的草地、松散土壤等构成。在透水面和不透水面的表面以下，则是由土壤颗粒、水和空气构成的厚度不一的土层。按照土体孔隙含水量是否达到饱和，可分为：①饱和带或饱水带，地下水面以下，由土壤颗粒和水分组成的二相系统，土壤处于饱和含水状态；②包气带或非饱和带，地下水面以上，由土壤颗粒、水分和空气共存的三相系统，土壤含水量未达饱和。

下垫面表层物质的渗透特性，决定了下垫面产流的特点。不透水面的表面物质阻止降雨下渗到表层下的土壤中。透水下垫面的包气带是受到降水影响最强烈的地带。根据芮孝芳（1995）的研究，包气带中的水按照不同分布状态可分为三个水分带：①接近地下水面处为毛管上升带，随着地下水位的变动而变化；②接近地面处为悬着毛管水带，只有在地面供水以后才出现；③二者之间为中间层。

土壤中固体颗粒基质具有吸附水分子的特性：首先，土体中的固体颗粒具有分子引力，可吸附水分子形成吸湿水、薄膜水，并进而在毛管力的作用下吸附毛管水；其次，当吸附毛管水达到最大毛管水时土壤固体基质含水量取得最大值，即田间持水量；最后，如果蓄水量持续增大，则在重力作用下形成可自由流动的重力水，随着土壤孔隙被水填充，最终土壤达到饱和含水量，雨水不再下渗。

3）雨水与下垫面的相互作用物理过程

不透水面阻止雨水下渗，不透水表面的坑洼处可蓄水，蓄满后便在不透水面表面产生地表径流。考察透水下垫面土壤下渗的过程，在微观层面一般包含以下几个阶段：

（1）包气带中的悬着毛管水带首先发生变化，忽略降雨期间的自然蒸发和植物蒸腾作用，包气带以初始含水量对应下的最大下渗能力吸收雨水。此时雨水下渗主要受到孔隙水压力、土壤颗粒分子力的作用，以毛管力为主被土壤颗粒吸附、保持、存储，成为土壤含水量的一部分。其吸水的量主要受到土壤颗粒基质及比表面积的影响。

（2）当雨水不断下渗达到土壤的田间持水量时，毛管力为主的吸水阶段完成，土壤含水量达到田间持水量，转而进入重力作用下的自由流体阶段。此时孔隙不断被水填充，孔隙率逐渐减小，渗透率不断减小直到最小值，此时孔隙被完全填充而达到水饱和，称为稳定下渗阶段。

（3）当降雨强度大于稳定下渗率，或者降雨历时较长时，土壤达到饱和含水量后，无法入渗的多余降雨开始在地面上产生径流。此先滞蓄后产流的降雨过程称为"蓄满产流"。当降雨强度大于土壤下渗能力时，土壤尚未达到饱和含水量，但是由于降雨强度大于下渗速率，地面开始产生径流，此过程称为"超渗产流"。现实中，由于降雨强度的变化以及土壤结构的变化，超渗产流和蓄满产流可能同时存在。

4）产流的基本理论

降雨产流是降雨转化为径流时各种径流成分的生成过程，其实质是水分在下垫面垂向运动中，在各种因素综合作用下对降雨的再分配过程，主要取决于包气带中水运动的机理、特性和运动规律。

早在 1935 年，霍顿就提出降雨径流的产生取决于以下 4 个因素：降雨强度 i、地面下渗容量 f_p、包气带的土壤含水量（$I-E$）以及田间持水量 D。霍顿认为：

（1）当 $i \leqslant f_p$，$I-E \leqslant D$ 时，无径流产生。

（2）当 $i > f_p$，$I-E \leqslant D$ 时，只产生地面径流，不产生地下径流。

（3）当 $i \leqslant f_p$，$I-E \geqslant D$ 时，只产生地下径流，不产生地面径流。

（4）当 $i > f_p$，$I-E \geqslant D$ 时，这时地面、地下两种径流成分均会生成。

运用霍顿产流机制总结雨水下渗产流的物理过程，降雨地面径流的产生受控于两个条件：降雨强度超过地面下渗能力和包气带的土壤含水量超过田间持水量，分别称为"超渗地面径流"和"蓄满地面径流"。

根据物质守恒原理，包气带水量平衡方程可表述为

$$P = I + R_s \tag{2-5}$$

$$I = E + (W_f - W_0) + R_{sub} \tag{2-6}$$

式中　P——降雨量（m）；

I——下渗到土中的水总量（m）；

R_s——暂留在地面的总水量（m）；

E——蒸发量（m）；

W_f——包气带达到田间持水率时的土壤含水量（m）；

W_0——降雨开始时包气带的土壤含水量，即初始土壤含水量（m）；

R_{sub}——包气带中自由重力水量，多余的自由重力水将溢出补给地下水（m）。

于是，对于超渗地面径流，$I-E \leqslant W_f - W_0$，$R_{sub} = 0$。降雨期间忽略蒸发量，$E = 0$，则地面径流公式为

$$R_s = P - (W_e - W_0) \tag{2-7}$$

式中，W_e 为发生超渗地面径流时的土壤含水量。其他变量含义同前。

对于蓄满地面径流，$I-E > W_f - W_0$，降雨期间忽略蒸发量，$E = 0$，则地面径流公式为

$$R_s = P - (W_f - W_0) - R_{sub} \tag{2-8}$$

式（2-7）、式（2-8）便是降雨产流的基本理论公式。不考虑蒸发，利用雨水下渗的理论公式计算土壤下渗、存储的雨水量是获得地面径流量的主要途径。降雨是否能够下渗，以及下渗的速度可用达西定律来揭示规律。由于雨水下渗基本属于非饱和土壤水流运动，因此参考理查兹

(B. D. Richards)对达西定律的更改公式(2-9)；对于降雨入渗和土壤蒸发条件下的土壤水分运动，可简化为一维竖直向水流运动，总水势包含竖直向的重力势和随着土壤干湿变化的基模势，且竖直向重力势近似等于1，单位距离的基模势变化与土壤颗粒含水量变化相关，见式(2-10)。

$$V = -K(\theta)\frac{\mathrm{d}\varphi}{\mathrm{d}l} \tag{2-9}$$

$$V = K(\theta)[\delta(\theta)-1] \tag{2-10}$$

式中　l——渗流路径的直线距离(m)；

　　　φ——总水势，取决于土壤的干湿程度(m)；

　　　$K(\theta)$——非饱和土壤导水率(m/d 或 m/h)；

　　　V——渗流速度(或通量)，可由每小时渗水速率近似代替，黏土为 0.2～2.0 mm/h，砂质黏土为 2～10 mm/h，砂土为 12～25 mm/h；

　　　$\delta(\theta)$——非饱和土壤基模势变化率，无量纲。

非饱和水流动和饱和水流动的导水率不同。当土壤饱和时，全部孔隙被水充满，因而具有较高的导水率值，且为常数 K_s。非饱和土壤中部分孔隙为气体所填充，土壤中过水断面上的导水孔隙相应减少，其导水率低于饱和导水率，即有 $K(\theta) \leqslant K_s$。

非饱和水渗透和饱和水渗透的总水势也不同。非饱和土壤的基模势随着土壤含水量增加而减小，由基模势逐渐转化为水的重力势，在此过程中克服水分子力做功，损失一部分水势转化为内能。从能量守恒角度看，土壤吸水总的水势损失，故：

$$\frac{\mathrm{d}\varphi}{\mathrm{d}l} \leqslant 0 \tag{2-11}$$

当土壤饱和时，土壤颗粒不再吸附水，基模势为 0。此时，一维垂向流的总水势为水的重力势，单位路径上的水势降即水力坡降为 1。根据芮孝芳(1995)的研究，理论解析土壤基模势与含水量的关系尚不具备，采用加德纳(Gardner)等人的经验拟合公式：

$$s = a\left(\frac{\theta}{\theta_s}\right)^b \tag{2-12}$$

式中　s——吸力；

　　　θ——含水量(%)；

　　　θ_s——饱和含水量(%)；

　　　a,b——常数。

当土壤干燥时，含水量 θ 较小，吸力 s 较大，此时土壤基模势较大，吸水能力最大，而根据既有研究，非饱和土壤导水率 $K(\theta)$ 较小，渗流速度主要被分子吸力和毛管吸力主导，整体渗流速度较大，土壤下渗能力最大。随着土壤含水量的增长，吸力 s 不断减小，并在饱和含水量时达到最小值。非饱和土壤导水率 $K(\theta)$ 不断增大，渗流速度主要被自由重力水主导，整体渗流速度递减,最后趋于几乎稳定的最小值,称为稳定下渗率 K_s。这一过程与 Hewlett 和 Dunne 等人的研究相一致。渗水速率的衰减可由霍顿(Horton)公式(2-13)表示:

$$f = f_c + (f_0 - f_c)e^{-kt} \tag{2-13}$$

式中　f——t 时刻渗水速率;

　　　k——衰减系数;

　　　f_c——平衡渗水速率;

　　　f_0——初始渗水速率,取决于土壤含水量。

因此,由式(2-13)可知,雨水下渗速率随着降雨历时呈指数规律递减,当经过降雨历时土壤含水饱和时达到平衡渗水能力。

20 世纪 60 年代初,我国水文学者通过对大量的实测水文资料的分析研究,认为湿润地区以蓄满产流为主和干旱地区以超渗产流为主。这是因为湿润地区自然形成的包气带土壤分层形成上部颗粒较粗、孔隙较大的溶提层,下部颗粒较细、孔隙较小的淀积层,利于下渗。而干旱地区自然形成土壤结构比较单一、质密,不利于降雨自然下渗。因此,位于湿润半湿润地区的上海、广州降雨地面径流以蓄满产流为主;位于半干旱地区的北京降雨地面径流以超渗地面径流为主。

5)产流的计算方法

(1)初损后损法

降雨产流的计算,主要是估算降雨下垫面的截留量、蒸发量、下渗量等。计算方法经历了理论解析公式、经验公式和半经验公式的发展过程。由于经验公式的特殊性和理论解析公式的求解困难,使得半经验半理论公式在实践中得到广泛应用。周玉文、赵洪宾(2000),谢华等(2005)研究城市流域的降雨产流与汇流,计算净雨深采用由降雨量估算直接径流的 SCS 方法。该方法的原理是:径流产生之前要先满足植被截留、填洼和渗透,称为初损;径流开始后以渗透作为损失计算,称为后损,即"初损后损"法。随着地下蓄水达到饱和,降雨的径流比例不断增加。假设进入地下的蓄水量与产生的地面径流量成比例,则:

$$\frac{Q}{H} = \frac{S}{S_s} \tag{2-14}$$

式中　Q——径流量,净雨深;

　　　H——降雨量,总的降雨深;

　　　S——流域进入地下的蓄水量,即径流开始时的实际蓄水量;

　　　S_s——饱和蓄水量。

流域进入地下蓄水量可表示为

$$S = (H - I) - Q \tag{2-15}$$

式中　I——地表径流开始前的初损,SCS 定位初损为截留、填洼、渗透,在小流域上估算经验公式为 $I = 0.2S_s$。从而式(2-15)可写成:

$$Q = (H - 0.2S_s)^2/(H + 0.8S_s) \qquad (2\text{-}16)$$

当 $H > 0.2S_s$ 时,产流。当 $H \leqslant 0.2S_s$ 时,降雨量小于初损,不产流。式(2-16)中只有一个变量 H,一个参数 S_s,S_s 与下垫面有关。S_s 与 CN 的关系为

$$S_s = 25\,400/CN - 254 \qquad (2\text{-}17)$$

CN 是一个综合反映流域下垫面特征的无量纲参数,范围在 $1 \sim 100$ 之间。CN 值由流域的水文土壤类型、地表覆盖、耕作方式、前期土壤湿度条件决定。根据完全浸湿的裸土最小渗透速率,土壤被分成 A、B、C、D 四种水文类型。前期土壤湿度调整值和都市流域不透水面积百分数等查阅不同地表覆盖的 CN 值(周玉文、赵洪宾,2000),便可根据计算的 S_s 经验值,得到不同降雨量(总的降雨深)下的地面径流量(净雨深)。一般对于城市一个排水分区内的次降雨量为恒定值且已知,因此根据下垫面的情况可推求次降雨量下的地面径流量。以此方法得到的下渗曲线在应用于具体城市时,还需要对相关参数进行率定。部分学者的研究表明,我国城市情况与 SCS 方法提出的值差距较大。因此,应用 SCS 方法时,应率定具体案例的参数取值。

(2)径流系数法

下垫面对雨水的截留、蒸发、渗透,虽然其机理、过程已经比较清楚,但是定量化计算却并没有较好的理论公式和快速方便的办法。在工程实践领域,计算降雨产生地面径流依然运用经验方法——径流系数法。由于积累了丰富的经验,目前在规划设计和工程实践中,径流系数法被普遍使用。

径流系数指一定汇水面积内地面径流量与降雨量的比值,一般包括次洪径流系数和洪峰径流系数。由径流系数的定义可知,径流系数法不区分降雨损失的类别,将截留量、蒸发量和下渗量等统一在一起。在《室外排水设计规范》(GB 50014—2006)中也有将城市片区综合起来确定径流系数,谓之综合径流系数。根据经验,参考相关研究和国家规范,城镇建设用地中各类不同用地的径流系数取值如表 2-5 所列。

表 2-5　　　　　　　　　　　　径流系数

地面种类	径流系数 ψ
各种屋面、混凝土或沥青路面	$0.85 \sim 0.95$
大块石铺砌路面或沥青表面各种的碎石路面	$0.55 \sim 0.65$
级配碎石路面	$0.40 \sim 0.50$
干砌砖石或碎石路面	$0.35 \sim 0.40$
非铺砌土路面	$0.25 \sim 0.35$
公园或绿地	$0.10 \sim 0.20$

来源:根据资料作者自制。

由径流系数的定义,可知产流量为

$$Q = \phi HA \qquad (2\text{-}18)$$

式中，A 为产流面积，在城市小排水分区中一般为排水分区的面积。其余符号含义同前。

由于径流系数法是基于试验、经验，测得降雨量和径流量后进行反推计算，当条件改变时，容易产生较大误差。这是因为：径流系数受许多因素影响，主要有雨强、土壤性质、土壤含水量、地表覆盖等。岑国平等（1997）通过城市地表产流的室内试验，验证了以下四个方面。①径流系数受雨强的影响：随着雨强的增大，径流系数也增大；雨强增大还使开始产流时间提前；②径流系数受土壤含水量的影响：随着土壤含水量的增大，径流系数也增大；开始产流时间和稳渗率随含水量增大而减小；③径流系数受土壤密实度的影响：在小雨强土壤干燥时，密实土壤使下渗率减小，径流系数增大；但是大雨强或土壤潮湿时，密实度对径流系数的影响很小；④径流系数受降雨历时的影响，随着历时的增大而增大。

王永磊等（2012）通过不同下垫面的产汇流室内试验得出，对于透水性差的下垫面，如屋顶、不透水路面等，雨强和降雨历时是影响径流系数的主要因素，历时越长，雨强越大，则径流系数越大。对于透水性较好的下垫面，如草地，土壤前期含水量是影响产流量的主要因素，在相同降雨条件下，透水性越强，产流量越少；含水量越大，径流系数越大。

6）降雨产流的影响因素

从雨水下渗的物理过程和基本理论，可以确定影响雨水下渗的主要因素为：降雨特性（强度 f、历时 t、雨型 r），土壤特性（土壤初始含水量 W_0、田间持水量 W_f、自由重力水 R_{sub}、稳定渗透率 K_s）、蒸发量 E 等。假设降雨期间的蒸发量可忽略不计，则影响雨水下渗的主要因素为降雨特性和土壤特性。

（1）降雨强度。降雨强度是决定雨水下渗产生地面径流的重要因素。当降雨强度大于土壤下渗速率时，尚未下渗的滞水将在地表面形成径流。当降雨强度小于土壤下渗速率时，降雨将全部在土壤中下渗，没有地表径流。因此，降雨强度与土壤下渗速率的量比决定了地面径流的产生。现实中降雨强度受到大气物理环境的影响，具有较大的不确定性。通常，研究和实践中降雨强度基于所在地区多年统计的降雨强度的概率分布进行选取，其受到统计方法、设计暴雨重现期等人为操作的影响。

（2）降雨历时。降雨持续时间也是影响雨水下渗的重要因素。次降雨历时与平均雨强决定次降雨量。由于可渗透下垫面的特性，降雨下渗深度是一定的，次降雨的最大下渗雨水量也是一定的。因此，当发生降雨强度较小的久雨时，土壤将发生蓄满地面径流；当发生降雨强度较大的久雨时，土壤首先发生超渗地面径流，并进而发生蓄满地面径流。当发生降雨强度较小的短时降雨时，土壤可能并未蓄满，并不产生地面径流；当发生降雨强度较大的短时降雨时，土壤可能只发生超渗地面径流。降雨历时也受到大气物理环境的影响，具有较大的不确定性。研究与实践中通常取 1 h，2 h 的降雨历时作为暴雨研究对象。

（3）雨型。雨型是降雨历时内的降雨强度分布，是雨强与降雨历时的结合。雨型对可渗透下垫面的雨水下渗影响较大。不考虑前雨的影响，对于单雨峰的雨型，由于土壤初始含水量相对较低,土壤吸水能力较强,土壤的初始下渗速度较大。当降雨起始的雨强小于土壤下渗速率时,不产流;当雨强大于土壤下渗速率时,可能发生超渗地面径流;随着降雨历时,土壤吸水下渗,土壤下渗速率逐渐减小,土壤含水量增大,当达到土壤饱和含水量时,土壤以稳定下渗率吸收雨水。在此过程中,雨强大于土壤下渗速率则发生超渗地面径流,雨强小于下渗速率,不产流;当达到饱和含水量时,稳定下渗速率非常小,降雨产生蓄满地面径流。雨强随着降雨历时在不断变化,土壤下渗速率随着土壤含水量的变化而变化。同一时刻雨强与土壤下渗速率的量比决定了地面径流。

(4)土壤初始含水量。初始含水量表示降雨开始时土壤的持水量,其值越大,土壤后续的持水能力越小。土壤初始含水量受到地区气候、干湿季、前雨、蒸发量、地下水深度等的影响。根据相关研究,2天之内的降雨对土壤初始含水量具有显著影响;湿润地区的土壤初始含水量普遍高于干旱、半干旱地区的土壤初始含水量;地下水位对土壤初始含水量值影响较为复杂。从目前的机理来判断,地下水位越高,毛管上升带越接近地面,则由于毛管上升带占据土壤颗粒的分子力级别空间,使初始降雨的渗透能力适当降低。与此同时,由于高地下水位使得毛管上升带内的土壤初始含水量增大。因此,高地下水位对包气带上的水分活动的影响集中表现在土壤初始持水能力下降。

(5)田间持水量。田间持水量表示土壤吸附水的最大值,受到土壤颗粒基质特性的影响。土壤基质的比表面积越大,表面分子力越大,吸引、吸附水越多。颗粒较大的砂质土与颗粒细密的黏质土的田间持水量相差较大,后者的田间持水量远远大于前者。因此,土壤吸水能力大小取决于构成土壤细颗粒的比表面积。

(6)饱和持水量。饱和持水量受到土壤孔隙等的影响。孔隙率越大,表明土壤中孔隙越多,可以容纳吸收的水量越多。饱和持水量对应着稳定下渗率。

(7)稳定渗透率。唐益群、叶为民(1998)的研究表明,土壤的渗透系数取决于土壤空隙的大小、形状、孔隙率等因素,同时还取决于水的温度和压力。由于雨水下渗过程中孔隙逐渐被雨水占据,孔隙被充满,其渗透速率将随时间而减小直到达到饱和持水量时的稳定渗透速率。孔隙越大,重力水越容易形成重力流,稳定渗透率越大。

综上所述,影响雨水下渗的因素主要为降雨的强度和历时(雨型)、干湿气候、地下水位、土壤基质特性、孔隙大小、孔隙率等。

7)降雨下渗土壤深度

降雨在不同土壤类型、不同地下水埋深、不同气候类型地区的下渗深度基本一致。芮孝芳(1995)对我国干旱、半干旱、湿润地区6个不同案例的研究表明,包气带中水分变化活动层基本位于0.3~1.0 m之间。在湿润地区,0.5 m以下则基本上处于田间持水量或超过田间持水量。在干旱半干旱地区,水分变化的活动层难以超过1 m,1 m以下大体上维持在毛管断裂含水量。孙明(2007)用天然土作降雨渗透实验,土壤参数取为:比重2.69、容重1.55 g/cm³、田间持水量30%(体积)、饱和含水量41.5%(体积),饱和导水率$k_s=15.26$ cm/d。土壤剖面含水状态影响降雨在下垫面产生积水形成径流最佳计算深度为 40 cm,即地表以下 40 cm 的土壤含水状态对雨水下渗的影响最显著。因此,本研究中上海的降雨下渗深度基本可以达到地下水位(地表下 0.5 m)。

总结降雨产流的过程,将大气作为一种绝对透水层,地面、地下水面是相对不透水层,超渗地面径流和超蓄地面径流均是在两种介质的界面上产生,且上层界面的渗透性大于下层界面,此即为界面产流规律(芮孝芳,1995)。按照产流规律,城市用地构成可分为水面、绿地和不透水面(屋顶、道路)。降雨落入水面,不产生地面径流。降雨落入绿地和不透水面,地面径流遵从产流规律:屋顶、道路的表层由混凝土、沥青等渗透性远远小于其下层土壤渗透性的物质组成,大气与不透水层表面构成产流界面,在不透水层的表面形成地面径流;上层不透水层与其下层土壤组成的界面阻隔雨水自上而下渗透,因此屋顶和道路等不透水面下渗雨水量较产流量可忽略不计。绿地依据不同的土壤含水量、土壤构成及降雨强度形成超渗地面径流和(或)超蓄地面径流。降雨产流的分析过程见表 2-6。

表 2-6　　　　　　　　　　　　　　　　降雨产流的分析过程

① 输入							
气候气象				土壤			地下水
气象		气候		土壤基质特性		土壤孔隙特性	地下水特性
降雨强度	降雨历时	蒸发量	湿度	黏质	砂质	孔隙大小　孔隙率	地下水位
② 相互作用——土壤渗透产流							
超渗地面径流				蓄满地面径流			
③ 输出——地面径流量							
初损后损法				径流系数法			

2. 降雨汇流的发生机理

1) 降雨汇流的物理过程

城市中降雨的汇流过程,包括城市各种类型用地的地面径流产生、雨水管网汇流和多余地面径流汇流三个阶段。

(1) 各种类型用地的地面径流

研究城市的降雨汇流,假定在排水分区内降雨强度恒定且保持一定时间(约 1 h)。平原城市地势平坦,街坊用地地坪高于市政道路路面。忽略降雨期间的蒸发量、截留量和洼地蓄水量(初始损失),一定强度的降雨在绿地上超渗和/或蓄满产流相当于降雨量的 10%~20%,屋顶、道路不透水面产流量相当于降雨量的 85%~95%,水面不产流。

(2) 雨水管网汇流

规划建设市政雨水管网一般沿市政道路地下浅层空间敷设成树枝状。道路周边街坊用地内的雨水地面径流就近排入雨水管网的雨水收集口。雨水管网收集、汇流雨水,从雨水支管到雨水主干管,水流以一定的速度、方向流动,最后自排进入附近水体或进入排涝泵站强排入受纳水体。

(3) 多余地面径流的汇流

当降雨产生的地面径流量大于雨水管网的容纳能力时,在雨水收集口将有多余地面径流产生。地面径流沿着道路向地势较低处蔓延并形成路面积水。多余的地面径流沿着道路以一维恒定均匀流由高向低处流动;当排水片区内所有面积产流,且距离片区最低点的最远地块的多余地面径流到达最低点时,多余地面径流的汇流量达到最大值,即最大洪水峰值流量。对于城市降雨汇流,因流域较小,集流时间较短,暴雨总历时(一般取 1 h)大于集流时间的可能性非常大,因此排水分区达到最大洪峰径流量的机会非常大。由于雨水管网的汇流、排水作用,排水分区内降雨最终形成地面径流大于雨水管网极限排水能力的那部分地面径流量。

2) 降雨汇流的特点

城市降雨地表汇流与一般流域降雨汇流不同。经比较,城市降雨汇流有以下特点:

(1) 汇水面积小。城市中的道路和建筑物十分密集,城市区域被街区划分成许多个大小为几万平方米的子流域,雨水口对应的产流面积较小。集水区范围内降雨的空间分布一般比较均匀,点雨量可以代替面雨量。与此同时,汇流路程相对较短,汇流时间比较短。

(2) 地表覆盖情况复杂。雨水口的汇水面积虽然不大,但其地表覆盖情况复杂,并且随时变化,因此与一般流域相比,城市地表汇流计算相对复杂。由于地表的硬化,会加速地表径流的流速。

(3) 流域边界不明显。城市排水区域的边界多数是人为确定的,而不是地形图上的分水线,虽然可通过采取一定的方法来保证汇水面积计算的准确性,但是由于雨水口汇水流域是人为划分的,故仍然存在一定的随机性。

(4) 坡面汇流一般是城市集水区汇流的主要部分,河网汇流往往可以不予考虑。但集水区地下有管网,坡面通过受水口和检查井与地下管网垂向串联是城市集水区汇流的一大特点。管网汇流速度一般快于坡面汇流和河网汇流,是城市化汇流加快的主要原因(芮孝芳等,2015)。

3) 降雨汇流的理论

根据芮孝芳(1993)的总结,汇流理论主要沿着三个方向发展。第一为物理方向:包括流体力学、水力学和统计物理学方向,根据这一方向建立起来的汇流模型的主要特点是,只要已知地形、地貌特征资料和糙率资料即可求出其中包含的各项参数。第二为系统分析方向:由系统分析方向建立起来的"黑箱"汇流模型只对具有实测入、出流资料的汇流系统适用;而所建立起来的概念模型,目前也主要适用于具有实测入、出流资料的情况。第三为随机水文模拟方向:由这一方向建立起来的汇流模型的显著特点是,可以根据入、出流过程的统计特性来确定汇流模型参数;而当入流过程的统计特性已知时(如为白噪声过程等),可仅根据汇流系统的出流资料的时间序列分析来确定其中所包含的参数。

物理方向的研究是建立在微观物理定律(连续性方程和动量方程)基础上的水力模型,直接求解圣维南方程,模拟坡面的汇流过程。根据求解圣维南方程的不同简化方法,有美国 SWMM 模型求解简化圣维南方程,岑国平(1996)采用 Maskingum-Cunge 法求解圣维南方程的简化形成运动波方程,周玉文(1997)采用实测资料的瞬时单位线法计算地表汇流等。

系统分析方向的研究包含等流时线法、时段单位线法、瞬时单位线法等。等流时线法假定流域上各点的流速不随时间变化,则每点流到出口断面的汇流时间也不随时间改变,等流时线是流域上到达出口断面的汇流时间相同的各点的连线。以此为基础计算城市小流域的汇流过程。时段单位线法是通过时段内分布均匀的单位净雨所形成的流量过程线的倍比和叠加特性对汇流过程进行计算。由于倍比和叠加的特性对于不同的雨强,尤其小雨强的情况明显不符合实际情况,于是用瞬时单位线法,通过纳什瞬时单位线公式结合 S 曲线计算城市流域的汇流过程(朱元狭、金光炎,1991)。

本书应用传统的等流时线概念,推理公式计算城市小流域(排水分区)的汇流过程,比较符合实际情况,概念清楚、计算方法成熟。

4)降雨汇流的计算方法

降雨汇流计算是推求集水区的设计洪水,包括设计洪峰流量(水位)、设计洪量、设计洪水过程线等。朱冬冬等(2011)总结城市雨洪径流的典型模型,根据模型基础理论不同,主要有概念性水文模型和数学物理水力模型两类,主要包含公路研究所法(TRRL)、伊利诺伊城市排水模拟模型(ILLUDAS)、美国环境保护局开发的 HSPF、美国暴雨管理模型(SWMM)和辛辛那提大学城市径流模型(UVURM)等。

(1)排水分区内总汇流量计算

在流域汇流分析中,已知输入(净雨过程),要求输出(出流过程),关键在于降雨与下垫面组成的耦合系统对雨水的分配,体现为分配曲线或者汇流曲线。当汇流曲线只与汇流时间有关时,汇流曲线便是线性汇流曲线,出口断面某时刻的流量,等于在此时刻能够流到出口断面的各块单元面积与不同时刻净雨所形成的单元流量之总和。

根据芮孝芳等(2015)的等流时线概念,暴雨过程形成的集水区汇水断面的洪水过程可表示为

$$Q(t) = \frac{1}{\Delta t} \sum_{i=1}^{m} h_i \times a_{t-(i-1)} \tag{2-19}$$

式中　Δt——选取的计算时段长,与相邻等流线之间的汇流时间相同,$\Delta t = \tau_m/n$;

h_i——第 i 时段内的净雨量,是降雨量与降雨损失量之差;

$a_{t-(i-1)}$——第 $t-(i-1)$ 块等流时面积;

m——净雨时段数;

n——等流时面积块数;

τ_m——集水区最大汇流时间;

t——出流的时刻,$t = 1, 2, \cdots, p$,其中 $p = m+n-1$。

暴雨过程形成的集水区汇水断面洪峰流量为

$$Q_m = \max\{Q(t)\} = \max\left\{\frac{1}{\Delta t}\sum_{i=1}^{m} h_i \times a_{t-(i-1)}\right\} \qquad (2\text{-}20)$$

具体而言,若净雨时段数 m 大于或等于等流时面积块数 n,则参与形成洪峰流量的是全部集水区面积和集水区最大汇流时间内最大净雨量,如图 2-4 所示;若 $m < n$,则参与形成洪峰流量的是全部净雨和净雨历时内最大的集水区面积。

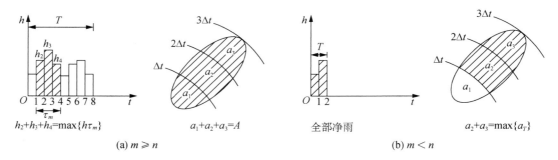

图 2-4 等流时洪水过程概念分析图

来源:芮孝芳,2015。

城市集水区面积及其最大汇流时间一般较小,形状也可概化为矩形,遭遇的暴雨几乎都是净雨历时大于或等于集水区最大汇流时间,即 $m \geqslant n$ 的情况,因此,式(2-20)可化简为

$$Q_m = (h_{\max} / \tau_m)A \qquad (2\text{-}21)$$

式中 $h_{\max}$ —— τ_m 历时内最大净雨量;

$h_{\max} / \tau_m$ —— τ_m 历时内最大平均净雨强度。

若用 τ_m 内最大平均雨强 I 与系数 C 的乘积,即 CI 表示 $h_{\max} / \tau_m$,集水区洪峰流量一般采用 Mulvany 的合理化计算公式:

$$Q_m = CIA \qquad (2\text{-}22)$$

式中 C——综合径流系数;

A——集水区面积;

I——暴雨强度,是最大汇流时间内最大平均雨强,可以根据该集水区最大汇流时间 τ_m,
选取一定发生概率下 τ_m 历时内最大平均暴雨强度进行计算。

(2)排水分区雨水管道的汇流计算

根据邓柏旺(2013)市政系统雨水流量公式为

$$Q = q\psi F_h = \frac{167 A_1(1 + \lg P)}{(t + b)^n}\psi F_h \qquad (2\text{-}23)$$

$$t = t_1 + m\,t_2 = t_1 + m\sum_{i=1}^{I} \frac{L_i}{60 v_i} \tag{2-24}$$

式中　Q——雨水设计流量（L/s）；

　　　q——设计降雨强度[L/(s·hm²)]；

　　　ψ——洪峰流量径流系数；

　　　F_h——汇水面积（hm²）；

　　　P——设计降雨重现期（a）；

　　　t——管网汇流总用时（min）；

　　　t_1——地面集水时间（min）；

　　　m——延缓系数，通常取 2；

　　　t_2——管渠内雨水流行时间（min）；

　　　A_1，C，n，b——地方暴雨参数；

　　　L_i——管道 i 长度（m）；

　　　v_i——管渠 i 雨水流动速度（m/s）；

　　　I——管道最远端编号。

（3）排水分区地面坡面汇流的计算

根据谢华等（2005），地面山坡流的流速近似用运动波动力方程和连续方程来估算。对于平稳流，地面山坡流的时间 t_0 用运动波方程表示为

$$t_0 = \frac{L^{0.6} n^{0.6}}{i_c^{0.4} i^{0.3}} \tag{2-25}$$

式中　i_c——净雨强度（m/s）；

　　　L——地面流长度（m）；

　　　n——曼宁糙率系数；

　　　i——坡度。

一般地，居民地和城市建设用地 $n=0.015$；绿地 $n=0.04$；水体 $n=0.08$。

5）降雨汇流的影响要素

从降雨汇流的过程、计算方法总结影响汇流的影响要素，主要有：坡度、粗糙度、汇水范围及距离、不透水面用地布局等。

（1）坡度，包括地面坡度和管道坡度。地表面汇流沿着城镇地表的坡面汇流，汇流时间与地面坡度成反比，即地面坡度越大，汇流时间越短，达到洪峰的时间越提前。管道坡度是人为建设时依据重力流的原理设置的管道水流的水力坡降，有雨水沟道流速公式（高廷耀、顾国维，1999）：

$$v = \frac{1}{n} R^{2/3} I^{1/2} \tag{2-26}$$

式中　　v——流速；

　　　　I——水力坡降；

　　　　R——沟道水力半径；

　　　　n——粗糙度。

根据式(2-26)，坡度越大，流速越大，但是随着流速的增大，对管壁的冲击力也越大。坡度小，流速小，但是流速太低管道有堵塞的风险，因此为了防止管道因淤积而堵塞或因冲刷而损坏，规定了最大最小流速，对应着最大最小坡度。

（2）粗糙度。雨水径流流经的表面产生对雨水的黏滞、摩擦等阻碍作用，受到表面粗糙度的影响。由雨水沟道流速式(2-26)可知粗糙度与水的流速成反比，由式(2-25)可知粗糙度与汇流时间成正比。在城镇化进程中，地表覆盖物从绿地土壤转变为不可渗透的沥青道路、屋顶面、混凝土地面等，除了渗透性减小，粗糙度也减小，这样汇流流速增大、汇流时间减小。

（3）汇水范围及距离。汇水面积越大，则平均径流系数有减小的趋势。这是因为在汇流过程中，由于坡面汇流距离较长，伴随着地面径流的水流下渗损失较大；同时流域相对较大，其地下雨水管网系统的延时、滞留作用亦非常显著，因此大流域洪峰明显延后。

（4）不透水面用地布局。岑国平等（1997），林俊俸、李朝忠（1990）通过城市地表产流的室内试验，验证：均匀降雨且雨强较小，当不透水面积位于透水面积上游时，不透水面积首先产流，并流入透水面积，使透水面积的产流提前。当不透水面积位于透水面积下游时，下游的不透水面积很快产流并流达出口，此时上游的透水面积还未产流，一段时间后透水面积才开始产流，在出口断面洪峰流量的出现时间被推迟。在大雨强时不透水面积的出流还未达到稳定，透水区就开始产流，洪峰流量不会明显延后。

总之，产汇流理论是水文学的分支学科之一，旨在探讨不同气候和下垫面条件下降雨径流形成的物理机制、不同介质中水流汇集的基本规律以及产汇流计算方法的基本原理。它的核心内容是回答流域降水后，在流域下垫面的作用下水的分配形式和运动状态，以及在流域内和在流域的边界上随时间和空间的分配形式和运动变化状态（崔庆峰，2011）。降雨汇流包含坡面汇流和雨水管道汇流，遵循等流时线概念。

3. 内涝的发生机理

1）内涝的物理过程

降雨产生积水内涝的过程可以概化为：首先，降雨到地面后发生产汇流；然后，产生的地表径流一部分被管道排除，另外一部分在地面流动；最后，在地面的雨水随地形流动到地面低点而产生积滞水区域。

（1）在排水分区均匀降雨的前提下，由于树枝状的排水管网设置为不同管径大小的"街坊管—支管—总管"系统，其容纳雨水的能力从街坊管到总管递增。当形成地面径流后，街坊管上的雨水井首先产生滞水。由于管道汇流速度大于地表坡面流速度，当排水管网系统的总管雨水井出现涌水时，管网达到最大容纳能力。

（2）当总管出现涌水时,整个排水分区内全面产生坡面流。地面径流将沿着道路自然坡降汇流,近似于恒定均匀流。

（3）当距离排水分区内自然积水点（最低点）最远的点形成的地面径流到达积水点时,形成最大洪峰径流,淹水深度达到极值。

（4）当淹水深度超过忍耐程度,或者造成损失时,即认为产生内涝。参考相关研究和国家规范,当地上建筑一层进水、市政道路路面积水深度超过 15 cm 时,即认为发生内涝灾害。

2）内涝的计算方法

从内涝的物理过程可知,酿成城市地区内涝灾害的主要因素是地面径流。因此分析降雨所形成的内涝灾害,需要将城市集水区内产汇流的地面径流量扣除排水分区内雨水管网的最大排水量,可用式（2-27）表示:

$$Q_f = Q_m - Q \tag{2-27}$$

式中　Q_f——内涝地面径流量;

　　　Q_m——地面径流产汇流量;

　　　Q——雨水管网设计流量。

雨水管网收集排水可看作是雨水地面径流损失,即地下雨水管网的降雨产汇流过程,与前文的产汇流分析类似:产流中降雨损失除了通常的雨水截留、蓄滞、蒸发、下渗,还应有地下管道排水,其排水能力为雨水管网的设计流量;汇流中降水净雨量按照汇流规律坡面汇流,则内涝洪峰流量的汇流时间为

$$t = \max\{t_0, t_1 + m\,t_2\} = \max\left\{ L^{0.6}\, n^{0.6} / i_c^{0.4}\, i^{0.3},\ t_1 + m\,\frac{L_0}{60v} \right\} \tag{2-28}$$

式中　t_0——地面山坡流的汇流时间;

　　　t_1——地面集水时间;

　　　t_2——管渠内雨水流行时间;

　　　m——延缓系数,通常取 2;

　　　L_0——管道最远端长度（m）;

　　　v——管渠雨水流动速度（m/s）;

　　　i_c——净雨强度（m/s）;

　　　L——地面流长度（m）;

　　　n——曼宁糙率系数;

　　　i——坡度。

一般地,居民地和城市建设用地 $n=0.015$;绿地 $n=0.04$;水体 $n=0.08$。

3）内涝的影响因素

总结内涝的影响因素,从内涝发生的物理过程与计算方法可知,影响降雨产流、汇流的因素

都能够影响内涝的发生及程度,同时还有以下其他的影响因素:

(1)雨水管网的设计流量。当雨水管网设计流量大于大面径流产汇流量时,不产生内涝地面径流。只有当降雨产汇流量大于雨水管网排涝能力时,多余洪水无法及时排除,会在较低点汇流产生内涝灾害。可见,雨水管网的设计流量对内涝的发生具有重要影响。

(2)其他滞纳洪水设施。地面植草沟、下凹式绿地、雨水调蓄池等容纳、蓄滞洪水的地面设施、地下设施等,可容纳部分地面径流,从而使得内涝径流量 Q_f 减少,降低地面内涝的水深,可减少内涝灾害的影响或消除内涝灾害的影响。

(3)内涝灾损可接受程度。由于不同城市对内涝灾损的可接受程度不同,导致对内涝灾害的成灾认定并不相同。根据经验,经常受到内涝灾害影响的城市对内涝灾损的接受程度普遍比不经常受灾的城市对内涝灾损的接受程度高。本书参考国家规范对内涝灾害的成灾认定:当地上建筑一层进水、市政道路路面积水深度超过 15 cm 时,认为发生内涝灾害。

总之,内涝是降雨产汇流的一种结果。对于已建城镇的排水分区,内涝灾害是降雨量去除降雨损失,包括:自然损失,如下渗、截留、蒸发等;人为损失,如雨水管道排水、雨水调蓄池滞水等。由净雨形成的坡面径流在低洼地区形成一定深度的滞水带来灾害。内涝的成灾机理及过程依然可用降雨产汇流理论来解释与计算,可将其认为包含雨水管道调蓄的扩展的产汇流理论与模型。

2.4.2 城市内涝影响要素的作用机制

城市内涝的孕灾环境、致灾因子和承灾体的影响要素的关系可以用图 2-5 表示。

(1)孕灾环境包含气候变化和城市热岛雨岛效应。目前已知人类活动以及城市建设对此二要素产生一定的影响,但是如何影响,其作用机制如何,尚未有定论。同时,气候变化和热岛雨岛效应不仅受到人类活动的影响,而且还可能受到其他未知因素的影响,究竟如何影响也尚未知。因此,在影响城市内涝的要素中,气候变化和热岛雨岛效应是可变因素,其受到不确定的各种因素的影响,未来可能表现出与过去比较大的差异,同时还将影响致灾因子。

(2)致灾因子包含降雨强度、时间和雨型,受到气候变暖和热岛雨岛效应的影响,在可以预见的将来,推测其发展趋势为:降雨强度增加、降雨历时增加以及雨型紊乱。但是由于受到孕灾环境不确定性的影响,增加的具体数值不得而知。因此将致灾因子的三要素称为中间因素,其趋势可预测,但是无法定量化。通常的应对办法是以历史数据统计分析来进行未来一定概率下的确定性预测。同时降雨持续时间和降雨雨型对承灾体下垫面的渗透系数有较大影响,进而影响汇流量。当渗透性下垫面的滞水量达到饱和时,可渗透的下垫面将变得不可渗透。

(3)承灾体包含各种城市物质空间。承灾体受到城建活动的影响,是确定性的。具体地,对于某一城市,城市现状的河道、绿地和不透水面的位置、面积都是可定量化的。在此基础上,运用降雨强度公式,便可依据成熟的汇流计算模型计算分配雨水汇流量并进行相应的排涝设施规划布局。由于承灾体的确定性以及对产流汇流过程的解析,可以用定量化的模型对排涝设施进行各种确定性的规划布局。

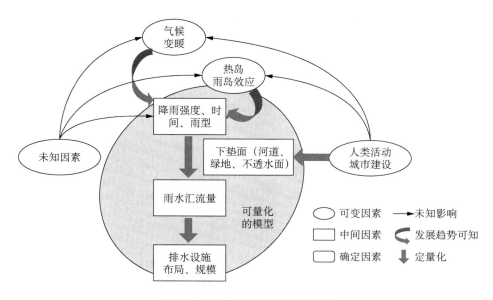

图 2-5　城市内涝影响要素的关系图

综上,在可以预见的将来,不受人为控制的因素有可能导致孕灾环境继续恶化。通常运用基于概率论的确定性方法从历史统计资料推算降雨强度和雨型来处理以上的不确定性问题。以此为基础,在中心城区基本建成,河道水面率、绿地率以及不透水面基本确定的条件下,运用模型公式得出暴雨造成的地面汇流量作为排涝设施规划建设的前提条件,以确定性的工程设施来应对未来不确定性的降雨和内涝。不确定性主要集中在:①降雨强度增大值不确定,影响预测暴雨强度公式;②降雨时长和雨型不确定,影响渗透系数;③以上二者的叠加影响,汇水区内的地表径流量具有增加的不确定性。这种不确定性对城市内涝的防御会产生非常大的影响,降低城市防涝的安全水平。

2.4.3　城市内涝灾害的一般防灾对策

与内涝发生的物理过程"产流—汇流—内涝"相对应,针对每个环节采取相适的防灾措施,形成"源头处理—过程处理—末端处理"的防灾过程体系。

1. 源头处理

1) 一般原理

源头处理,顾名思义,在内涝灾害的产流阶段实施措施,抑制地面径流产生的量值,起到减流延时的作用。

在降雨产流发生机理的分析中,影响产流的因素包括降雨特性和下垫面特性。降雨特性受到气候气象的影响,对所研究的地区相对固定,可将其作为前提条件。源头处理的可变影响因素集中在下垫面的特性上:

（1）可渗透面的土壤初始含水量、田间持水量、饱和持水量、稳定渗透率以及地下水位等均是固定的，即土壤的下渗能力为一定值。不渗透表面的材料、材质决定了不渗透面的渗透能力也是定值。因此，在城镇集水区中渗透面和不渗透面的面积与分布一定的情况下，降雨损失中自然下渗的量值为一确定值。

（2）在集水区中，增加可渗透面的面积比例，在其他条件一定时可增加下渗的降雨量。

2）对策措施

（1）减小不渗透面面积，更改不渗透面的表面材料与材质，增大不渗透面表面的渗透性。如实施屋顶绿化、停车场渗透地面、道路渗透路面等措施。

（2）增大可渗透面的面积，扩大绿化面积，增加下渗雨水的量。

2. 过程处理

1）一般原理

在径流汇流的发生机理研究中，汇流分为地下排水管道汇流和多余地面径流的坡面汇流。对应降雨汇流的物理过程，汇流过程中的防涝处理应包括径流汇流过程中增加洪水下渗损失、延长汇流时间，从而减少洪峰流量、推迟洪峰到来时间等，具体措施如下：

（1）增大排水管网的排水能力。当地面径流量小于排水管网排涝能力时，将不产生地面径流。排水管网是系统工程，增加排水能力需要相应地增加"集水井—街坊管—支管—主管—泵站"整个系统的排水容量。

（2）增加坡面汇流过程中的洪水下渗损失。地面径流流经可渗透地面时，由于土壤下渗，将产生一定量的洪水损失。同时若可渗透地面尚未产流，则流经的地面径流会加速可渗透面产流。

（3）增加坡面汇流过程中的洪水截留损失。地面径流流经低洼、可蓄水地区，洪水被截留并蓄积在低洼地区；如果截留量小于地面径流量，则低洼蓄水地区被填满并产生地面径流。此时洪水损失为低洼地区、雨水调蓄池等的容纳量。

（4）延长汇流时间。汇流时间长，洪峰到达时间延后，集水点经历的洪峰历时缩短，集水点区域经受的洪水压力降低。影响汇流时间的主要因素为坡度、粗糙度、汇水范围和距离以及不透水面用地布局等。根据径流汇流的发生机理，减小坡度、增大粗糙度、增加汇水范围和距离以及透水面位于集水区上游可延长汇流时间。

2）对策措施

（1）提高集水区排水设施排涝能力。提升排水管网的规划建设标准，将既有排水设施提标改造，如从1年一遇的暴雨强度标准提升到5年一遇的标准，增大排水管网管径，提高泵站功率，可以从根本上增加分流地面径流，减少坡面汇流的流量。自排地区整治水体，疏通河道，降低河湖水系的水面高度。

（2）规划建设点状雨水调蓄池。充分利用现有河道、池塘、人工湖、景观水池等设施建设雨水调蓄池、植草沟、下沉式绿地、下沉式广场等截留设施，滞蓄地面径流。

（3）道路、广场采用可渗透铺装，增大地表粗糙度。实践中，在坡度、汇水范围和距离不可变的前提下，增大汇流路径的粗糙度，可适当延缓坡面汇流时间。

（4）调整用地布局，集水区上游地块调整为绿地等可渗透地面，可有效延长集水区下游洪峰发生时间。

3. 末端处理

1）一般原理

末端处理，顾名思义，在降雨径流的末端设置大型雨水调蓄设施，短时间内快速排除地面积水，缓解排水分区内涝点的水患。当排水管网的集水点与集水区高程最低点重合时，内涝点即管网强排时泵站的位置。增大泵站的调蓄容量和设置点状雨水调蓄池，可将内涝点多余洪水快速强排入附近水体。当排水管网的集水点与集水区高程最低点不重合时，地面内涝与地下排水管网系统并行，在内涝点设置调蓄管廊，独立于地下排水管网的深层地下调蓄隧道，可以达到快速排除地面积水的作用。

2）对策措施

设置调蓄管廊和点状就地调蓄池等调蓄设施，集蓄峰值降雨，错峰缓排，尽量减少对市政雨水管网和河道的影响，维持城市的"海绵"功能。在强排系统集中分布的地区设置深层地下调蓄管廊，贮存、输送雨水峰值径流，提高地区排水防涝能力的同时减小初期雨水对城市水体的污染。

2.4.4 一般防灾对策中地下空间利用的局限性

城市雨水排除与内涝防治中，当前我国比较强调生态化做法，即以渗、滞、蓄、净、用、排为特征的"海绵城市"举措：从源头上加大渗、滞、蓄，并生态净化循环利用，最后多余水量错峰排除，不仅促进了人类社会系统中自然水循环，同时可降低降雨内涝的风险。但是，"海绵城市"应对城市暴雨内涝具有一定的适用条件。尤其像上海这类平原河网城市，具有高地下水位、土壤自然渗透能力弱而暴雨强度大等特征，自然下渗削减降雨量和雨水管网系统排水能力不足以排除多余的地面径流，进而造成城市低洼地区内涝。由于水往低处走，主动开发利用的地下空间，如地铁站、地下停车库、地下通道等，往往易受到内涝倒灌的影响，如2016年武汉内涝使地铁四号线某站点被水淹。因此，地下空间的规划建设不当，不仅不能发挥主动防涝的功能，而且极易受到内涝的影响扩大灾损。

2.5 小结

本章从论述灾害的基本理论与防灾理论入手，研究空袭、地震、风灾和内涝的影响因素与成灾机理，并从基本防灾理论入手探究一般防灾对策。

空袭、地震和风灾致灾具有一定的共性，防灾对策也具有一定的共通性。在既有城市建成区,主要通过疏散避难场所降低灾损,提供人员安全避难。但是现在的研究与规划建设实践中,地下空间的防灾利用仅仅用于空袭而不能兼顾地震和风灾,存在地下空间资源浪费和地面防灾资源供需矛盾共存的普遍现象。

内涝的成灾机理与防灾对策与空袭、地震和风灾有一定区别,具有地域性的特征。其防灾对策聚焦于物质环境和工程系统,更加关注城市物质空间。但是当前我国城市的内涝处置措施倡导生态化的海绵城市建设,具有适用的局限性,并不能快速消除暴雨内涝,而地下空间开发利用往往成为内涝的重灾区。

城市地下空间在城市应对空袭、地震、风灾和水灾中如何发挥作用呢? 兼顾多灾种防御的城市地下空间开发利用中应该注意什么呢? 以下章节将回答以上问题。

3　城市地下空间防灾理论

3.1　城市地下空间的基本内涵

3.1.1　城市地下空间的概念

1. 广义地下空间

广义地下空间,指岩层或土层中天然形成或经人工开挖形成的空间(童林旭,1997),天然形成的地下空间如地下暗河、地下溶洞等;人工开挖形成的地下空间,如地下防空洞室、地铁车站、地下停车库等。理论上从大地水平面以下直到地心的由岩土、空气、水组成的三相介质均是地下空间的范畴。按照人类主动开发地下空间的深度,将 0～－30 m 称为浅层地下空间;－30～－100 m 称为中层地下空间;－100 m 以下称为深层地下空间;一般将－50 m 以下称为大深度地下空间(陈志龙、王玉北,2005)。

城市地下空间,一般含义为与城市建成区范围相吻合的一定深度范围内的三维实体空间,通过一定的措施将土体挖掘出来,由周围岩土、空气、水组成的三相介质围合而成的封闭、半封闭空间。

2. 狭义地下空间

地下空间的容量虽然无限,但是一定时期内可被开发利用的资源量却是有限的。狭义地下空间,指一定时期内可被开发利用的天然或人工的地下空间。

按照地下空间使用性质,可分为被人使用的地下空间,如地下防空洞、地下停车库、地下商业街等;被物使用的地下空间,如地下市政管廊、地下河流、地下调蓄池、地下物流等。

按照地下空间是否建成投入使用,可分为既有地下空间和新建地下空间。

一般意义上,从狭义概念理解,城市地下空间可分为三个维度六种状态:供人使用的地下空间和供物使用的地下空间;天然地下空间和人工地下空间;既有地下空间和新建地下空间。在下文研究中,我们主要关注人工有意开挖形成的地下空间,而不研究天然地下空间。据此,地下空间可分为四类,如表 3-1 所列。

在本书中,将供人使用地下空间分为人防工程和非人防地下空间,其中非人防地下空间主要包含交通系统和公共服务系统;供物使用地下空间主要为浅层市政设施地下空间和深层市政设施地下空间。

表3-1 人工开挖地下空间的分类

地下空间分类	既有地下空间	新建地下空间
供人使用地下空间	I	III
供物使用地下空间	II	IV

3.1.2 城市地下空间开发利用功能

城市地下空间规划过程中,地下空间功能的选择是首要问题。地下空间功能随着城市发展和社会进步而变化发展。追溯世界范围内城市地下空间的发展历史,人类自诞生以来就一直有目的地开发利用地下空间来满足各种活动需求。古代城市发展的水平很低,利用地面空间基本上能够解决问题,地下空间的利用限于排水、贮藏和一些防灾安全设施。第一次工业革命以后,伴随着城市化水平提高,产生了一系列城市问题,如供排水设施缺乏导致疾病流行、基本生存条件恶劣等。因此这一阶段的城市地下空间利用主要为市政基础设施、地下铁道、地下防御设施、其他地下设施。随着第二次工业革命的进行,城市化进程逐渐加快,城市规模迅速扩大,城市人口增长迅速,交通、市政、环境等城市问题越来越严重,客观上对地下空间的开发利用产生了巨大的推动力。这一时期地下空间开发利用在功能上主要有:轨道交通与地铁、地下道路与地下车库、地下能源与储库、地下公共步道与地下街、地下防空与防灾设施、综合管廊与其他地下公共服务设施等。

我国城市地下空间的大规模开发利用始于20世纪六七十年代,建设了大量地下人防工程。从最初满足人民防空功能,如防空地下室、防空地下物资储备库、防空地下指挥所等民防设施,发展到后来以特殊物资贮藏、停车库、物资储备库为主要功能的停车贮藏功能,到最近以交通系统为主,附带商业开发的复合功能。依据城市不同发展阶段与不同发展需求,选择合适的地下空间功能,并布局于合理的空间,形成完善的城市地下空间形态。总结近几年我国城市地下空间的主要功能,较多考虑地下空间资源的主动利用与经济效益的提高,童林旭(1997),束昱(2005),陈志龙、王玉北(2004)等将城市地下空间的功能总结为以下四个方面:地下交通系统、地下公共服务系统、地下市政系统和地下人防系统。

(1)地下交通系统:包括轨道交通系统、地下道路、地下停车场系统、地下过街通道以及地下物流系统等;

(2)地下市政设施系统:包括地下变配电站、地下垃圾处理设施、地下雨水收集系统、地下综合管廊、地下能源利用系统(地源热泵)等;

(3)地下公共服务设施系统:包括地下商业设施、地下娱乐设施、地下仓储设施等;

(4)地下人防工程设施系统:包括指挥所、人员掩蔽所、专业队工程、生活保障设施、疏散道路等几部分。

国外地下空间的功能,Japan Tunnelling Association(2000)报告了日本地下空间的规划使用情况。日本地下空间的利用除了地下停车、地下道路、地下商业街、能源的生产输送、给水、排水、能源的存储、地下变电站、地下空调企业等常规功能外,最近在地下河流和洪水调节池、消防蓄水池、半地下图书馆、体育馆、精密工业生产以及特殊研究领域等功能利用中开始显现,还发展有最新利用功能:压缩空气能量储存系统、超导体能量储存系统、高压液化石油气储存系统以及大深度地下新能源综合发展技术系统等。Edelenbos(1998)将荷兰地下空间的利用功能概括为:居住功能(城市居住与乡村居住)、工作功能(商业服务、工业生产和利用、零售业、小规模的生产和研究)、娱乐功能(室内运动场和音乐厅、文化设施、娱乐设施,如酒吧等)、交通功能(旅客运输、车载货物运输、非车载货物运输,例如管道运输等)、仓储功能(货物、危险品、油、气及化学物质等)。Goel(1999)等总结多哈的地下空间利用功能为:地下停车系统、地下交通系统、地下污水处理厂、地下垃圾收集厂、地下石油存储供应系统与地下冷藏室等。

通过对国内外城市地下空间开发利用的历史性分析,发现城市地下空间的开发利用是随着城市现代化进程的发展而逐渐发展起来的。科学技术和经济的飞速发展,必然加快城市化进程,引起城市人口集聚和城市规模扩大,从而产生一系列城市问题,集中表现为城市基础设施缺乏和老化,以及城市基础设施不适应当时的科学技术与生产力水平。为了解决这些城市问题,许多城市加强和完善了城市基础设施,进而促进城市地下空间的开发利用(王璇,1995)。

3.1.3 城市地下空间立体空间布局

在城市地下空间规划过程中,地下空间的空间布局是重点。日本学者 Yashiro Watanabe 教授在 20 世纪 90 年代就提出了分层开发地下空间的具体设想。地下空间从浅到深可分为四层:第一层为办公、商业、娱乐空间,平日经常有大量人员使用;第二层为交通空间;第三层为动力设备、变电所、生产设施等空间;第四层布置污水、天然气和电缆等公共管线。Watanabe 教授还用高斯分布曲线表示了城市地上地下对应开发形态。尽管 Watanabe 的理论只是定性的,但是他强调了地上地下应统一考虑、有机结合是今后城市发展的必要和重要的手段,并且地下空间规划应是城市规划的一部分,而城市规划应体现地下空间的综合利用(赫磊,2008),如图 3-1、图 3-2 所示。

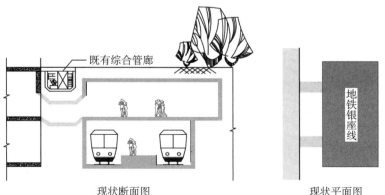

图 3-1　没有遵循分层开发的地下空间利用现状

来源:赫磊,2008。

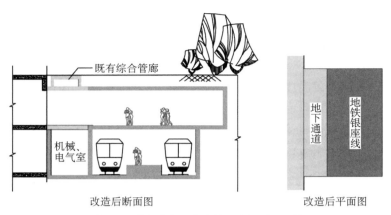

改造后断面图　　　　　　　　　改造后平面图

图 3-2　遵循分层开发的地下空间利用现状

来源：赫磊，2008。

李春（2007）以上海市为例，研究道路、广场、绿地、建筑物的地下空间开发与分层布局模式，通过 AHP 方法定量研究、国内外案例定性研究相结合的方法得出以上四类城市建设用地的地下空间功能与分层布局建议，如表 3-2 所列。

表 3-2　　　　　　　　　　　四类用地的地下空间竖向布局一般模式

分层	道路		广场、绿地		建筑
0～－15 m	▲一般市政管线		◎地下废弃物处理	◎地下文化娱乐体育	◎地下商业设施
	▲地下步道	▲综合管沟	◎地铁车站	◎地下商业	▲地下停车场
	▲地铁车站	◎地下环路	▲地下停车	▲地下仓储	▲建筑设备
	▲区间隧道	◎市政干管	▲地下变电	◎地下水库	
－15～－30 m	▲地铁车站、区间隧道		▲地下变电站		◎建筑设备
	◎市政干管		◎地下停车场		◎工厂
	◎综合管廊		◎地下仓储		
			◎地下废气物处理		
－30～－50 m	◎地铁区间隧道		◎地下过境、到发道路		◎建筑桩基
	◎地下过境、到发道路		◎地下仓储		
	◎地下物流		◎地下变电站		
－50 m 以下	◎地下过境、到发道路		◎预留发展空间		◎建筑桩基
	◎地下物流		◎预留发展空间		

注：▲指宜开发设施；◎指选择开发设施。
来源：李春，2007。

3.1.4　城市地下空间开发利用动因

现代城市开发利用地下空间出于各种目的的考量，有助于我们理解地下空间的作用和效用。梳理国外学者关于地下空间开发利用动因，Nelson、Sterling(1982)提出地下空间具有天然的隔热、保湿、隔音和节能的特性。我们把上述这些特性称为地下空间的固有特性。由于这些特性和地下空间的优势，Parker(1996)，Cano-Hurtado(1999)，以及 Nordmark(2000)等认为开发地下空间进行防灾减灾，包括暴雨、洪水、地震、台风、泥石流、雷暴等自然灾害，具有非常大的优势。

与地下空间的固有特性相对应，地下空间还具有外在特性。地下空间开发利用的动因随着时间、空间处于不断变化中。早期，地下空间主要用于解决地形高差和气候问题，例如山地城市、气候严寒城市、经常遭受暴雪侵袭的地区，我们称其为被动地利用地下空间。随着人口越来越向大都市区集聚，出现了一系列都市问题，例如交通拥堵、环境恶化、公共空间缺乏等。地下空间的使用从被动开发转入主动利用阶段。WG I(1995)、Parker(1996)、Sellberg(1996)、Ahrens(1997)，以及 Admiraal(1999)一致认为城市地下空间在扩展城市空间、提升空间质量方面发挥着重要的作用。出现以上城市问题可以归结为两方面的原因：一是经济发展，二是人口集聚，即城镇化的进程。Belanger(2007)强调经济发展、房地产市场、商业竞争以及轨道交通的发展是影响多伦多地下空间形成的重要因素。同样地，国内学者王璇(1995)，束昱、彭芳乐等(2006)，童林旭(2006)，陈志龙、王玉北(2005)等，总结地下空间开发利用的主要动因为经济发展、高程地形变化以及城市问题。正如 Ahrens(1997)在第七届地下空间国际大会上的报告所言，地下空间开发利用的动因是空间缺乏、人口增长、噪声污染、高程变化、极端气候等，取决于不同的自然条件。

深入研究这些动因，可以发现一些共同点。本质上讲，所有的影响因素可以归为两类：内在因素和外在因素(表3-3)。

表3-3 城市地下空间开发利用动因

影响因素	要素	特征
内在因素	环境保护、城市景观、噪声控制等	地下空间的固有特性，局部地区新的现象，并不普遍，尚未成为主流趋势
外在因素	经济发展、房地产市场、商业竞争等	社会经济系统，比较常见，几乎适合所有城市
	土地稀缺、空间短缺、人口增长、城市蔓延、交通拥堵等	
	地形条件、气候条件等	适合特殊条件的城市，如山地城市、极寒城市等，具有地方性

外在因素包括：自然方面的地形、气候；城市经济社会方面的经济增长、人口集聚、城市扩张、空间缺乏和交通拥堵等。外在因素中的城市经济和社会系统影响因素，几乎在我国所有城市的地下空间利用中都具有共性。内在因素包含：环境保护控制、城市景观等，除了极个别城市利用地下空间控制工业噪声污染、利用地下空间密闭污染的大气、水体，以及为了城市地面景观将有视觉影响的设施置于地下空间的案例外，因地下空间的内在固有特性而大规模地开发城市

地下空间的情况在我国城市中并不普遍,尚未成为城市地下空间开发利用的主流。

3.2 城市地下空间资源的固有特征与环境特性

地下空间资源具有自然特征和社会特征的双重属性,是促进地下空间开发利用的根本要素。而由环境特性产生的心理和生理问题,是制约地下空间发挥效能的因素。通过内部环境设计,尤其是改变产生心理"无意识"的环境要素,扭转人的偏见和意识,可实现地下空间的平时和灾时利用。

3.2.1 城市地下空间资源的固有特征

1. 自然属性

城市地下空间资源具有与生俱来的自然属性,包括恒温、恒湿、密闭、绝热、节能等。

(1)恒温:通常情况下,地下-10 m深度的地温是该地区年平均积温,基本保持恒定。

(2)恒湿:通常情况下,密闭的地下空间中的空气湿度保持该地区年平均湿度。

(3)密闭:由于地下空间被周围土体围合,在一定程度上易于形成密闭空间,与外部空气相隔绝。

(4)绝热:由于空气隔绝,与周围空气无热交换,可形成绝热环境。

(5)节能:由于恒温、恒湿、密闭、绝热的特性,冬暖夏凉,地下建筑与地面建筑相比较,在保温隔热方面具有更好的节能潜力。

2. 社会属性

城市地下空间的社会属性,主要指地下空间的开发利用在城市发展中承担的重要功能与体现出的优势。主要包括:

(1)扩充城市空间,缓解地面建设空间的不足;

(2)将建设置于地下,保护地面环境;

(3)躲避恶劣自然条件(天气严寒、多山丘陵地区);

(4)利用地下空间创造特殊的环境;

(5)防灾减灾,保障城市重要设施安全;

(6)特殊物质储藏;

(7)提高建筑容积率,达到空间资源的有效利用;

(8)解决经济发展、人口增长、城市扩展引起的城市问题等。

可见,地下空间具有两重性,自然的"资质资源"(束昱,2002)特征和社会的"空间资源"特征,分别对应着开发利用的内在动因和外在动因。现今城市地下空间的利用,有轻视资质资源而只重视空间资源的倾向,导致开发利用中出现一些问题:地下空间开发利用不能发挥其最大效用,使用中出现对使用者生理和心理方面的负影响。

3.2.2 城市地下空间的环境特性

由于地下空间资源密闭、隔绝的自然属性,是本身固有、难以消除的,会对人体生理和心理产生一些不利影响,而且生理上的不适反应与心理上的不适反应相互影响,尤其是地下空间使用中的心理问题,成为进一步开发利用地下空间、发挥其最大效能的障碍之一。

欧美学者通过问卷调查和试验研究,对地下空间造成生理问题和心理问题进行了研究。地下空间内部的环境、空气清洁度、自然光等客观因素对长期在地下空间内的人员易造成头晕、呕吐、记忆力衰退等生理影响。虽然如此,通过地下空间的环境营造与规划设计,可以引入自然光、改善通风排放、加强环境舒适性设计等,可改善地下空间内部客观条件对使用人员生理的影响。目前,与地下空间相同物理环境的地上空间相比较,发现人们对地下空间产生的负面评价更多,由此可见对地下空间的影响更多来源于人的心理态度和偏见(Hollon,Kendall,1980;Gideon S. Golany,1983)。地下空间密闭、隔绝,造成方向感差;出入口有限,缺乏自然光,封闭感,造成舒适性差;灾害时排烟困难,灾时疏散迷路等安全性差(Sterling,Carmody,1993;俞泳,1998)。R. Randall Vosbeck(1981)认为,人们对地下空间的开发利用存在着传统偏见,良好的设计可以起到改变这些偏见的作用。Golany(1996)认为影响地下空间使用最重要的因素是人们的心理问题,即心理上的偏见、幽闭恐惧和自我意识。一般人对地下空间的印象不是以经验为基础,而是由对地下空间联想得到的印象,也就是来自深层次的意识,即"无意识"。造成无意识的原因是由于物理环境的特征,把地下空间与死亡和埋葬联系在一起;害怕坍塌和陷入;把地下空间和设计通风不良的地下室联系在一起;产生幽闭恐惧症。日本学者调查发现,建设成为具有休闲感、安定感和清洁感的空间对缓解"无意识"非常重要。

主观背景不同的人对地下空间的看法差异很大。不同性别、年龄以及是否有体验地下环境的经历等都会不同程度地影响人们对于地下空间的主观看法。长时间在地下工作的人对地下环境的评价明显好于地面上人的评价。而同一人在进入地下空间前后的评价也不同,进入以后的评价好于进入以前的评价。因此,随着大城市中地下空间的开发利用,特别是地铁、地下街、地下停车场等功能的频繁使用,一方面通过规划设计极大地改善了地下空间内部的客观环境,另一方面随着人们使用地下空间过程、时间、经验的积累,对地下空间的心理"无意识"将得到很大的改观。

帮助城市居民克服使用地下空间的心理障碍,是灾害发生时发挥地下空间防灾避难功能的前提之一,这也是本书提倡地下空间的综合利用,平时与灾时相结合的初衷。即通过平时使用培养人们在地下空间中的方向感、舒适感和安全意识,辅以必要的灾害教育和宣传,逐渐让人们认识到地下空间的防灾特性,灾害时不会因地下空间的环境和心理意识而被否定或弃用。

本书重点研究地下空间防灾安全的原因和如何开发利用。制约地下空间利用的环境及心理问题,通过地下空间内部规划设计、频繁使用和教育宣传,可以得到较好的解决,本书暂不深入论述这一问题。

3.3 城市地下空间的防灾特性与影响因素

3.3.1 城市地下空间的防灾特性

研究城市地下空间对于战争空袭、地震、风灾、内涝(水灾)四大类灾害的防灾特性,结合灾害的成灾理论和地下空间的固有特征,可知:

1. 地下空间对战争空袭的防灾特性

深埋于地下且有一定的覆土层厚度,具有恒温、恒湿、密闭、绝热等自然属性,使得战争空袭时地下空间对人员、物资、重要设施等具有一定的掩蔽作用,免除遭受直接爆炸袭击。而且一定的覆土层厚度发挥了重要的消波作用,对核爆、光辐射、早期的核辐射、放射性污染等杀伤性因素都具有屏蔽功效,可缓解炸弹爆炸的荷载作用。恒温、恒湿和绝热的自然属性便于在恶劣天气环境下人员生存,密闭的自然属性使得免受核空袭时空气和环境污染的危害。因此,地下空间的自然属性非常契合战争空袭的防御。

2. 地下空间对地震的防灾特性

1) 地下空间的周围土体对地下建筑具有自持作用

处于岩层或土层包围中的地下建筑,岩石或土体对结构提供弹性抗力,阻止结构位移的发展。同时周围的岩石或土体对结构自振起到阻尼作用,减小结构的振幅。与地面建筑相比,地面建筑上部为自由端,地震作用下振幅越大,水平力作用越大,越容易破坏。从定性分析看,可以认为在同一地点地下建筑破坏轻微,而地面建筑破坏严重。

2) 地下空间对地震加速度具有减弱特性

地震释放的能量对建(构)筑物产生的破坏主要以地震加速度的形式形成地震力。地震加速度从震源到地面逐步放大,到地表面时达到最大值。这种随深度加大地震强度和烈度趋于减弱的特点,使在次深层和深层地下空间中的人和物,即使在强震情况下,只要通向地面的竖井和出入口不被破坏或堵塞,则基本安全(童林旭,1997)。据唐山煤矿震害的调查(Lee,1987),在450 m深度处,地震烈度从地表的11度降低到7度,见图3-3。国际上,多位学者展开理论与实证研究,得出"随着深度增加,地震烈度衰减"的结论,例如 Allenworth 等(1997)、Applied Nucleonics(1977)、Asmis(1978,1982)、Dowding 和 Rozen(1987)、Stevens(1997)。更有学者实测地震时位于不同深度的地震加速度,支持了以上结论,例如 Kanai,Tanaka(1951)以及 Iwasaki 等(1977)。

因此,地下空间深埋于地下的特性,使其对地震具有减轻的作用,与同等条件下的地面建筑相比,地下建筑具有较好的抗震性能,且地下空间恒温、恒湿、绝热的自然属性,使其适合在恶劣天气环境能为人员提供适宜生活的场所。

3. 地下空间对风灾的防灾特性

地下空间深埋于地面以下,使得对于台风、龙卷风等肆虐于地上空间的空气流动致灾具有天然的隔绝作用,且地下空间恒温、恒湿、绝热、密闭的自然属性,可提供适宜人员生活的环境。

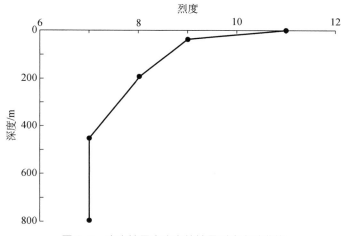

图 3-3 唐山地震中广义的地震烈度衰减曲线

来源：Lee, 1987。

4. 地下空间对内涝的防灾特性

地下空间深埋于地面以下，地面滞水由于重力作用会沿着地下空间裸露于地面的出入口部进入地下空间，并且直达最低点。地下空间密闭性的自然属性使洪水存留于地下空间内部。由于洪水易于进入地下空间，相应地使留存洪水的供物使用的地下空间之上的供人使用的地下空间和地上空间不受洪水的威胁。

总之，地下空间恒温、恒湿、绝热的自然属性，可提供人员躲避灾害的适宜场所，特别适合气候恶劣的情况。同时深埋于地下和密闭的自然属性，可相对隔绝外界灾害的影响，使地面空间和地下空间之间的受灾与安全相互转化。

虽然地下空间自身的特性使其具有上述优点，但是地下空间的选址、埋深、结构设计、出入口和通风口裸露部位的处理等也对防灾安全性有非常大的影响。Sterling、Nelson（2012）总结了地下空间对灾害防御的优势和劣势，见表 3-4。

表 3-4　　　　　　　　　　　　　　地下空间的防灾优劣性分析

灾害	优势	劣势
地震	地震烈度降低、荷载作用减小	如果有断层，则产生位移
	地下结构与土体共同运动	地下结构或周围土体较差，会产生破坏
台风、龙卷风	风荷载对全地下结构产生很小的作用	风荷载对浅埋地下结构会产生一定的破坏作用
洪水、海啸	免于涌浪和泥石流的破坏	一旦水流进入，恢复的时间和费用较高
外部火灾、爆炸	可以提供完全的防护	出入口部位等裸露在外部的结构是软弱点
外部危化品腐蚀、辐射	可以提供较好的防护	需要设置合理的通风系统

来源：Sterling, Nelson, 2012。

可见,虽然地下空间对一些灾害具有天然的防御能力,但是其规划布局、出入口设计等方面对整体的防护性具有重要影响。

3.3.2　城市地下空间防灾特性的影响因素

分析城市地下空间的防灾特性,地下空间资源的自然属性以及由此引起的心理环境特征是影响城市地下空间防灾性能的主要因素,见图3-4。

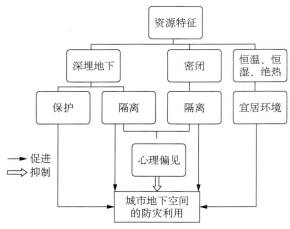

图 3-4　城市地下空间防灾特性的影响因素

(1) 深埋于地下,周围被土体覆盖,可将地面上灾害与地下空间相互隔离,覆盖土体起到缓冲作用。

(2) 恒温、恒湿、绝热,与地上恶劣的气候条件相比,可提供适宜的避难环境。

(3) 密闭,可隔离与空气污染相关灾害。

(4) 由于(1)和(3)的客观因素,造成人们的心理偏见,阻碍城市地下空间的灾时使用,影响地下空间防灾性能的发挥。

因此,影响地下空间防灾性能的正面因素是:恒温、恒湿、绝热、密闭及深埋地下;影响地下空间防灾性能的负面因素是由于密闭和深埋地下引起的心理偏见。

3.4　城市地下空间的易损性与应对策略

3.4.1　城市地下空间的易损性

1. 城市地下空间内部受灾的主要类型

收集地下空间的灾害案例,国内外发生于地下空间内部的灾害,且造成较大影响的灾害事件主要集中于地下空间火灾、爆炸、内涝、空气污染及恐怖袭击等6大类灾种。

1) 地下空间火灾

收集国内外 20 世纪 90 年代以来各地地铁火灾典型案例,如表 3-5 所列。可见,由于机械故障、操作事故或人为纵火等原因,一旦在地下空间内部发生火情,由于地下空间固有的特性,会导致含氧量急剧下降、发烟量大、排烟排热差、火情探测和救援困难、人员疏散困难等致灾特性,极易酿成大灾。

表 3-5　　　　　　　　　　20 世纪 90 年代以来世界各地地铁火灾典型案例

时间	地点	起火原因	伤亡损失
1990-07-03	四川铁路隧道	列车油罐突然起火爆炸	4 人死亡,20 人受伤
1991-04-16	瑞士苏黎世地铁	机车电线短路,停靠后与列车相撞起火	58 人重伤
1991-08-28	美国纽约地铁	列车脱轨	5 人死亡,155 人受伤
1995-04-28	韩国大邱地铁	施工时煤气泄漏发生爆炸	103 人死亡,230 人受伤
1995-10-28	阿塞拜疆巴库地铁	电动机车电路故障	558 人死亡,269 人受伤
2000-02-24	美国纽约地铁	不详	各种通信线路中断
2000-11-11	奥地利	电暖空调过热,使保护装置失灵	155 人死亡,18 人受伤
2001-08-30	巴西圣保罗地铁	不详	1 人死亡,27 人受伤
2003-02-18	韩国大邱地铁	精神病患者纵火	198 人死亡,146 人受伤
2003-01	伦敦地铁	列车撞月台引起大火	140 人死亡,289 人受伤,失踪 318 人
2004-01	香港地铁	人为纵火	14 人感到不适,送医
2005-08-26	北京地铁	车辆老化,电路故障	无伤亡
2006-07-11	芝加哥地铁	列车脱轨引起火灾	150 人受伤

2) 地下空间爆炸

地下空间内部操作事故以及恐怖袭击等,曾在地下空间内部出现爆炸事件,表 3-6 所列为 20 世纪 80 年代以来世界各地地下空间内部重特大爆炸事件汇总。由于地下空间的特性,发生爆炸将对地下空间内部甚至地上建(构)筑物造成较大影响。

表 3-6　　　　　　　　　　20 世纪 80 年代以来全世界地下空间结构内爆炸事件

时间	地点	爆炸原因	伤亡损失
1980-08-16	日本静冈地下街	管道漏气着火爆炸	伤 213 人
1990-07-03	四川铁路隧道	列车油罐突然起火爆炸	4 人死亡,20 余人受伤
1995-07-25	巴黎地铁	炸弹爆炸	30 人死亡,70 人受伤
1996-06-11	莫斯科地铁	列车行车产生爆炸	4 人死亡,7 人受伤
1998-07-13	湘黔地铁隧道	液化气槽车爆炸	4 人死亡,20 人受伤
2000-08-08	莫斯科地下通道	恐怖袭击	8 人死亡,117 人受伤

时间	地点	爆炸原因	伤亡损失
2004-02-06	莫斯科地铁	恐怖袭击	至少39人死亡,70人受伤
2004-08-31	莫斯科地铁	自杀式爆炸袭击	10人死亡,50多人受伤
2005-07-07	伦敦地铁	自杀式爆炸袭击	1人受伤
2010-03-29	莫斯科地铁	自杀式爆炸袭击	40人死亡,百人受伤
2011-04-11	白俄罗斯地铁	恐怖袭击	15人死亡,200人受伤

3）地下空间内涝

由于水往低处流的特性,地下空间容易受到洪水内涝的影响。表3-7总结了国内外城市地下空间重特大水灾事件,可见,与地面空间相比,地下空间极易受到水灾内涝的影响。

表3-7 国内外城市地下空间水灾事件汇总分析

时间	地点	事件	受淹原因
2012-10-28	美国新泽西州	飓风导致地铁、隧道被洪水淹没	
2012-07-21	北京	在建地铁进水	—
2011-06-23	北京	古城车辆段与正线连接线隧道口处进水、陶然亭站进水	地铁车站出入口进水
2011-07-18	南京	暴雨导致地铁站倒灌	地铁出入口进水
2010-05	广州	降雨导致地下车库进水	出入口进水
2008-08-25	上海	暴雨造成区域内涝,地下室、地铁车站进水	8号线人民广场14号出入口,9号线漕河泾开发区站车站3号口受连通地下车库积水
2007-07-18	济南	暴雨导致护城河河水外溢,山洪爆发,地下人防商场淹水	地下商场出入口进水
2005-09-12	上海	台风暴雨造成中山公园地铁站进水	地铁出入口进水
2005-08	上海	台风暴雨造成中山公园地铁站、一号线区间隧道进水	地铁出入口进水
2005-06	广州	暴雨导致施工地铁隧道进水	
2003-07-05	南京	暴雨在建地铁隧道进水	
2001-09-06	中国台北	台风暴雨造成地铁、地下空间受淹	地铁出入口进水,地铁隧道出地面口进水
2001-08	上海	暴雨造成静安寺地铁车站泥浆倒灌	地铁出入口进水
2000-09	日本名古屋市	暴雨导致河流决堤,水进入地铁站	地铁出入口进水
1999-06-29	日本福冈市	暴雨引起内核涨水泛滥,地铁车站内浸水	地铁出入口、地下街出入口进水
1996-10	美国波士顿	洪水进入地铁区间隧道	
1992-12	美国纽约	强风暴导致洪水淹没地铁系统	地铁出入口进水

来源:刘曙光等,2015。

4）地下空间空气污染

地下空间内空气污染的产生主要来自自然因素和人为因素两方面。

（1）自然因素。随着地下空间的开发利用向地下深层发展，地下空间及周围环境渐趋多样性和复杂性，地下空间开发中产生的有害气体增多，同时地下空间结构周围的岩土、地下水中的放射性物质（如镭、铀等）含量也较高，衰变过程中产生各种有害放射线，对于长期处于地下空间中生活、工作的人群会造成无形的伤害。目前对这类地下空间灾害及其防治的研究还刚起步。

（2）人为因素。一方面是因意外而引发的空气污染事故，如地下空间中化工用品在运输、储存或使用过程中出现泄漏而造成地下空间内的空气污染，甚至由此引起的火灾、爆炸事故等；另外一方面便是恐怖袭击，如1995年3月20日，日本首都东京市3条地铁电车内发生施放神经性毒气"沙林"事件，造成12人死亡，5 000多人因中毒进医院治疗；2001年9月2日，加拿大蒙特利尔市中心地铁车站发生毒气袭击事件，40多名乘客受伤。

5）地下空间恐怖袭击

由于地下空间的特性和地下公共空间使用的特性，地下空间环境复杂、外部缺失安全保障、内部人员密集、密闭封闭、承担着城市重要的职能等，使城市地下公共空间容易遭受恐怖威胁。其灾情主要以爆炸、火灾、空气污染等方式呈现。

2. 城市地下空间内部受灾的特征

有相当大比例的研究认为，地下空间使用不安全是从地下空间的灾害事件而来的。发生在地下空间内部的灾害多是人为灾害，具有较强的突发性及复合性。地下环境的一些特点使地下空间内部防灾问题更复杂、更困难，因防灾不当所造成的危害也就更严重。地下空间内部环境的最大特点是封闭性。除有窗的半地下室，一般只能通过少量出入口与外部空间取得联系，给防灾救灾带来许多困难。

总结地下空间的易损性，主要存在以下特点：

（1）地下空间内部方向感差，灾害时易造成恐慌。在封闭的室内空间中，容易使人失去方向感，特别是那些大量进入地下空间但对内部布置情况不太熟悉的人，容易迷路。在这种情况下发生灾害时，心理上的惊恐程度和行动上的混乱程度要比在地面建筑中严重得多。内部空间越大，布置越复杂，这种危险就越大。

（2）地下空间内部通风困难。在封闭空间中保持正常的空气质量要比有窗空间困难。进、排风只能通过少量风口，在机械通风系统发生故障时很难依靠自然通风补救。此外，封闭的环境使物质不容易充分燃烧。在发生火灾后可燃物的发烟量很大，对烟的控制和排除都比较复杂，对内部人员的疏散和外部人员的进入救灾都是不利的。

（3）地下空间内部人员疏散避难困难。地下环境的另一个特点是处于城市地面高程以下，人从室内向室外的行走方向与在地面多层建筑正好相反，从地下空间到地面开敞空间的疏散和避难都要有一个垂直上行的过程，比下行要消耗体力，从而影响疏散速度。同时，自下而上的疏散路线，与内部的烟和热气流自然流动的方向一致，因而人员的疏散必须在烟和热气流的扩散速度超过步行速度的条件下进行完毕。由于这一时间差很短暂,又难以控制,故给人员疏散造成很大困难。

(4)地下空间易受地面滞水倒灌。这个特点使地面上的积水容易灌入地下空间,难以依靠重力自流排水,容易造成水害,其中的机电设备大部分布置在底层,更容易因水浸而损坏,如果地下建筑处在地下水的包围之中,还存在工程渗漏水和地下建筑物上浮的可能。

(5)地下空间阻碍无线电通信。地下结构中的钢筋网及周围的土或岩石对电磁波有一定的屏蔽作用,妨碍使用无线电通信,如果有线通信系统和无线通信用的天线在灾害初期即遭破坏,将影响内部防灾中心的指挥和通信工作。

(6)易酿成大灾。附建于地面建筑的地下室,即与地面建筑上下相连,在空间上相通,这与单建式地下建筑有很大区别,因为单建式地下建筑在覆土后,内部灾害向地面上扩展和蔓延的可能性较小,而地下室则不然。一旦地下发生灾害,对上部建筑物会构成很大威胁。在日本对内部灾害事例的调查中,就有相当一部分灾害起源于地下室,最后酿成整个建筑物受灾。

3.4.2 城市地下空间易损性的应对策略

发生于地下空间内部的灾害,应对策略从既有地下建筑设计规范、标准、典型工程案例和灾害事件中总结策略如下。

1. 城市地下空间防火灾的规划策略

城市地下空间防火应以预防为主,火灾救援以内部消防自救为主,一般采用下列规划对策:

1)确定地下空间分层功能布局

明确各层地下空间功能布局。地下商业设施不得设置在地下 3 层及以下。地下文化娱乐设施不得设置在地下 2 层及以下。当位于地下 1 层时,地下文化娱乐设施的最大开发深度不得深于地面以下 10 m。具有明火的餐饮店铺应集中布置,重点防范。

2)防火防烟分区

每个防火防烟分区范围不大于 2 000 m^2,不少于 2 个通向地面的出入口,其中不少于 1 个直接通往室外的出入口。各防火防烟分区之间连通部分设置防火门、防火闸门等设施。即使预计疏散时间最长的分区,其疏散结束时间也须短于烟雾下降的时间。

3)地下空间出入口布置

地下空间应布置均匀、足够通往地面的出入口。地下商业空间内任何一点到最近安全出口的距离不得超过 40 m。每个出入口的服务面积大致相当,出入口宽度应与最大人流强度相适应,保证快速通过能力。

4)核定优化地下空间布局

地下空间布局尽可能简洁、规整,每条通道的折弯处不宜超过 3 处,弯折角度大于 90°,便于连接和辨认,连接通道力求直、短,避免不必要的高低错落和变化。

5）照明、疏散等各类设施设置

依据相关规范，设置地下空间应急照明系统、疏散指示标志系统、火灾自动报警装置、应急广播视频系统，确保灾时正常使用。

2. 城市地下空间防水灾的规划策略

1）城市地下空间防洪排涝设防标准

城市地下空间防洪排涝设防标准应在所在城市防洪排涝设防标准的基础上，根据城市地下空间所在地区可能遭遇的最大洪水淹没情况来确定各区段地下空间的防洪排涝设防标准。城市地下空间室外出入口的地坪高程应高于该地区最大洪水淹没标高 50 cm 以上，确保该地区遭遇最大洪水淹没时，洪（雨）水不会从地下空间出入口灌入地下空间。

2）布置确定城市地下空间各类室外洞孔的位置与孔底标高

城市地下空间防灾规划首先应确保地下空间所有室外出入口、洞孔不被该地区最大洪（雨）水淹没倒灌。因此，防水灾规划需确定地下空间所有室外出入口、采光窗、进排风口、排烟口的位置；根据该地下空间所在地区的最大洪（雨）水淹没标高，确定室外出入口的地坪标高和采光窗、进排风口、排烟口等洞孔的底部标高。室外出入口的地坪标高应高于该地区最大洪（雨）水淹没标高 50 cm 以上，采光窗、进排风口、排烟口等洞孔底部标高应高于室外出入口地坪标高 50 cm 以上。

3）核查地下空间通往地上建筑物的地面出入口地坪标高和防洪涝标准

城市地下空间不仅要确保通往室外的出入口、采光窗、进排风口、排烟口等不被室外洪（雨）水灌入，而且还要确保连通地上建筑的出入口不进水。因此，需要核查与其相连的地上建筑地面出入口地坪是否符合防洪排涝标准，避免因地上建筑的地面出入口进水漫流造成地下空间水灾。

4）城市地下空间排水设施设置

为将地下空间内部积水及时排出，尤其是及时排出室外洪（雨）水进入地下空间的积水，通常在地下空间最低处设置排水沟槽、集水井和大功率排水泵等设施。

5）地下贮水设施设置

为确保城市地下空间不受洪涝侵害，综合解决城市丰水期洪涝和枯水期缺水问题，可在深层地下空间内建设大规模地下贮水系统，或结合地面道路、广场、运动场、公共绿地建设地下贮水调节池。

6）地下空间防水灾保护措施

为确保水灾时地下空间出入口不进水，在出入口处安置防淹门或出入口门洞内预留门槽，以便遭遇难以预测洪水时及时插入防水挡板。加强地下空间照明、排水泵站、电器设施等防水保护措施。

3. 城市地下空间应对恐怖袭击的规划策略

城市地下空间应对恐怖袭击规划主要包括以下三个方面。

1）城市地下空间监控系统规划布局

应对恐怖袭击,城市地下空间应建立完整严密的监控系统。从地下空间出入口、各防火防烟分区、各联系通道以及采光窗、进排风口、排烟口、水泵房等设施均需要设置监控设施,全方位、全时段监控地下空间运行情况。每个出入口各个方向均需设置监控设施,每个防火防烟分区设置不少于 2 个监控设施;每条联系通道不少于 2 个监控设施,且每个折弯处均应设有监控设施。

2）城市地下空间避难掩蔽场所布局

城市地下公共空间应在若干防火防烟分区间设置集警务、医务、维修、监控设施于一体,有一定可封闭空间容量的避难掩蔽所。避难掩蔽所应耐烟、耐火,具有独立送风管道,确保其安全、可靠。避难掩蔽所用作恐怖袭击发生时,地下空间内人员临时躲避场所;发生火灾时,地下空间内人员难以全部撤离时可作为临时避难场所。

3）城市地下公共空间应对恐怖袭击的防护措施

为确保地下公共空间免受恐怖袭击,应加强地下公共空间入口安全检测,杜绝用于恐怖袭击的物品进入地下公共空间。在交通高峰期,实施人流预先控制,减少人流拥挤对安检的压力。建立地下公共空间安全疏散机制,拟制安全疏散预案。同时,将安全监控系统与地下公共空间的运行、维护、信息系统联动成一体,及时高效地应对恐怖袭击。

3.5 小结

城市地下空间具有资源性和空间性的双重属性。地下空间资源的自然特征和社会特性是促进其开发利用的动因。然而自然特征常常对人员产生生理和心理影响,极大地限制地下空间平时效用和灾时效用的发挥。但是心理影响——"无意识"的偏见将随着地下空间日常使用的熟悉程度和经验积累、各种地下空间照明通风等设施使用可靠性等体验感受而消除。因此,建议将平时与灾时结合起来,促进地下空间的综合利用,以此避免心理环境对地下空间使用的负面影响。

总结城市地下空间防灾理论,地下空间恒温、恒湿、绝热、密闭的自然特征,深埋地面以下,对战争空袭、地震、风灾、内涝(水灾)等均具有一定的防抗性,但是对不同的灾害起到的作用效果并不相同。对于战争空袭、地震、风灾,地下空间可起到隔离地面灾害、创造适宜生活环境的作用;对于水灾,地下空间起到隔离灾害的作用,快速消除灾害影响。同时,由于地下空间的自然特征,对内部灾害事件,如火灾、水灾、恐怖袭击等灾害具有易灾性。通过地下建(构)筑物内部的规划设计,可以合理降低灾害发生的概率以及增强地下空间抵御内部灾害的能力;通过地下空间内部设计和平时使用,消除人们对地下空间的心理偏见,提高地下空间内部自身的安全性。

4 城市地下空间协同人防、抗震、防风的规划策略

地下空间资源由于自身固有特性与环境特性,对战争空袭、地震、风灾具有天然的防御优势。当前,已经建设形成的各种地下空间建(构)筑物,对战争空袭、地震和风灾具有怎样的防御性能? 为防御战争空袭开发利用地下空间而建设的人防工程与平时开发利用的地下空间从规划建设出发点、目标、功能等方面都具有根本性区别。因此,首先,本章按照防灾功能将地下空间分为人防和非人防两种类型;其次,运用土木工程结构分析的方法分别检验人防工程的抗震、防风性能和非人防地下空间的防空、抗震和防风性能;再次,在此基础上,以上海市为研究对象,探索高密度既有建成区开发利用地下空间,构成完善的集防空、防震和防风功能于一体的地下空间防灾体系;最后,在居住社区中提出利用人防地下空间构建地上地下一体化的疏散避难体系规划对策。

4.1 协同防灾的城市地下空间分类与特征

本章主要研究供人使用的地下空间协同防灾的问题。从防灾视角,将地下空间划分为人防地下空间和非人防地下空间两类。

4.1.1 人防地下空间

1. 人防地下空间的概念

根据《中华人民共和国人民防空法》,人防地下空间指人民防空工程,包括为保障战时人员与物资掩蔽、人民防空指挥、医疗救护等而单独修建的地下防护建筑,以及结合地面建筑修建的战时可用于防空的地下室。

人防工程主要起掩蔽和防护作用,具有保证平时防灾抗灾,组织居民应付各种灾害,战时防空抗毁,组织居民掩蔽、疏散、抗击各种袭击和消除袭击后果,保护居民、经济设施及其他重要目标安全,恢复和维持正常工作、生产、社会生活秩序等基本功能,是人民防空体系中最重要的物质基础。

本书所指的人防地下空间是满足国家相关标准和规定、达到设计标准的人防工程。对于早期人防工程与建设使用过程中不达标的人防工程,其安全性需要具体分析,本书暂不研究。

2. 人防地下空间的功能构成

1) 战时功能构成

人防工程按战时功能分为指挥工程、医疗救护工程、防空专业队工程、人员掩蔽工程和配套工程五大类：

（1）指挥工程：具有战时不间断指挥、通信功能。

（2）医疗救护工程：战时对伤员进行及时救护的工程。

（3）防空专业队工程：战时对人防体系进行保障的分队掩蔽工程。

（4）人员掩蔽工程：战时为人员提供的掩蔽工程，并按人员类别分为一等人员掩蔽所和二等人员掩蔽所两类。一等人员掩蔽所，指供战时坚持工作的政府机关、城市生活重要保障部门、重要厂矿企业和其他战时有人员进出要求的人员掩蔽工程；二等人员掩蔽所，指战时留城的普通居民掩蔽所。

（5）配套工程：除上述功能分类外的其他民防工程。

2) 建筑结构的功能构成

根据人防工程防御战争灾害需求，建筑结构的防护功能主要由口部和主体两部分组成，大部分防灾设施设备都布置于这两大部分内。其中，口部是防护工程主体与地表面的连接部分，主要包括人员、设备出入口，进排风口、排烟口，以及其他各种相关设备与地面的连接部分，如集水井、防爆波电缆井等。

3. 人防地下空间的防灾特性

根据人防相关规定，人防工程可防护常规武器、核武器和生化武器的袭击：

（1）常规武器作用下人防工程主体结构满足设计抗力和整体性要求。

（2）核武器和生化武器作用下会产生核爆空气冲击波、核辐射、放射性污染、热辐射、核震动和核电磁脉冲等杀伤破坏效应，要求人防工程具有防护能力，满足抗力要求。

（3）通过自身结构设计和围岩覆土等周围环境设计，使人防工程满足武器外力作用下的抗力要求；通过内部设施配置、出入口部设计，使人防工程满足隔离、密闭等防护要求。

4. 战平结合人防地下空间

战平结合，顾名思义，指将防御战争的人防工程的部分设施用于紧急情况下的灾害防御和平时日常使用。战平结合的人防地下空间本质是人防工程，是按照人防工程的要求和建设标准规划建设的，能够抵御一定的抗力和提供一定的防核、防化防护能力，临战时实施小规模工程量的平战转换便可达到人防要求。战平结合的人防地下空间的主体结构部分按照人防要求设计建设，在出入口部及裸露部（如采光窗）做战平转换与加固，核心构件做预留和预埋。因此，战平结合人防地下空间仍属于人防地下空间。

4.1.2　非人防地下空间

1. 非人防地下空间的功能构成

地下空间的开发利用,从人防地下空间发展起来,进而由平战结合的理念逐渐过渡到平时使用的非人防地下空间。

非人防的地下空间主要功能包含地下交通系统和地下公共服务系统。随着城市经济发展,城市人口集聚、交通拥堵,以改善交通、提高公共交通系统的服务能力为出发点,发展起地下交通系统,包括地下轨道交通、地下道路、地下停车库等,又进而促进了地下公共服务系统的发展,如地下综合体和地下商业街等。

地下轨道交通占非人防地下空间相当大比例。大部分地下商业街、综合体等普通地下空间是结合地铁站点建设的;普通地下室也是地下交通系统的另外一个主要构成部分,平时一般作为停车库、物资库使用。因此,本部分研究对象为地铁轨道交通和普通地下室。

2. 非人防地下空间的平战结合

平战结合地下空间,指平时使用的地下空间兼顾战时的设防。区别于前文的战平结合地下空间,平战结合的地下空间是以平时使用要求设计,局部地区、局部环节兼顾战争人防的要求。据笔者调研比较,按照城市人防等级的不同,不同城市的不同地下空间功能兼顾设防的要求并不相同。人防等级高的城市,公共地下空间和大规模大体量地下空间一般均要求兼顾人防设防要求,在某些部位按照人防标准设计建设;而人防等级低的城市、城镇,地下空间开发利用兼顾设防并不普遍。下文以上海为研究对象,因此涉及的地下空间开发兼顾设防的偏多,尤其是地铁、地下商业服务等公共设施和一定规模的普通地下室,均按兼顾设防处理,一部分小型普通地下室不考虑人防的建设要求。

4.2　人防地下空间协同抗震、防风能力分析

本节从人防地下空间的主体结构安全、出入口安全和配套设施的防灾完备性三个方面分析人防地下空间协同抗震和防风的潜能。

4.2.1　人防地下空间主体结构的抗震、防风能力分析

1. 人防地下空间主体结构设计原理

1) 人防地下空间主体结构的受力特点

人防地下空间主体结构设计主要分析防核武器和防航爆弹对承受动、静荷载同时作用下的设计要求。和一般工业与民用建筑结构不同,动荷载是指核爆炸冲击波荷载、压缩波荷载以及航爆弹爆炸荷载;静荷载是指人防工程的土(岩)压力,回填材料自重,地下水静压力,永久设备重量以

及结构自重等。动荷载中的核爆炸和航弹爆炸仅验算二者中的较大值,而不必同时满足。

2)人防地下空间主体结构受力分析方法

人防工程结构的弹塑性动力分析方法,目前常用的有等效静荷载法和有限自由度体系动力分析方法两种。

(1)等效静荷载法是将结构简化为一个单自由度体系,用一般结构动力学方法求动力系数,再用动力系数乘以动荷载峰值压力,给出等效静荷载,将动荷载表示为静荷载的形式,然后按静力结构的设计计算方法进行内力计算。等效静荷载虽然以静荷载的形式出现,但其实质仍是动荷载,因此结构构件计算必须符合结构在动荷载作用下的各项规定和要求。

(2)采用多自由度体系分析内力,往往将结构简化为有限个自由度体系,然后按结构动力学方法求解,直接求出各控制断面的内力。

上述两种方法都是结构动力学的方法,等效荷载法简单适用,一般可以满足人防工程设计要求,本书的研究即采用此方法。

3)人防地下空间主体结构设计的计算内容

人防工程结构设计一般只验算结构强度(包括稳定),可不进行结构变形和结构裂缝宽度的验算,也不进行地基的变形验算。

4)荷载组合与计算

防核爆炸的防空地下室结构按照以下三种情况中的最不利效应组合作为设计依据:①平时使用状态的结构设计荷载;②战时常规武器爆炸等效静荷载与静荷载同时作用;③战时核武器爆炸等效静荷载与静荷载同时作用。常规武器爆炸和核武器爆炸等效静荷载与静荷载同时作用的荷载组合如表4-1所示。

将爆炸动荷载的等效静荷载作为偶然荷载,普通静荷载作为永久荷载,运用结构设计方法来计算出满足一定安全系数的防空地下室各构件内力、结构设计尺寸、配筋面积及其特殊构造。

表4-1 常规武器爆炸等效静荷载与静荷载同时作用的荷载组合

结构部位	静荷载 (永久荷载)	常规武器爆炸荷载 (偶然荷载)	核武器爆炸荷载 (偶然荷载)	荷载组合
顶板	顶板静荷载:覆土,顶板自重,战时不拆迁的固定设备 其他静荷载	顶板常规武器爆炸等效静荷载	顶板核武器爆炸等效静荷载	核武器爆炸
外墙	顶板传来的静荷载,上部建筑自重 外墙自重	顶板传来常规武器爆炸等效静荷载	顶板传来的核武器爆炸荷载等效静荷载	核武器爆炸(竖向)+ 常规武器爆炸(水平)
	水压力、土压力	常规武器爆炸产生的水平等效静荷载	核武器爆炸产生的水平等效静荷载	
内承重墙(柱)	顶板传来的静荷载,上部建筑自重 内承重墙(柱)自重	顶板传来的常规武器爆炸等效荷载	顶板传来的核武器爆炸等效静荷载	核武器爆炸

（续表）

结构部位	静荷载 （永久荷载）	常规武器爆炸荷载 （偶然荷载）	核武器爆炸荷载 （偶然荷载）	荷载组合
基础	顶板传来的静荷载,上部建筑物自重 防空地下室墙体（柱）自重	无	底板核武器爆炸等效静荷载（条、柱、桩基为墙柱传来的核武器爆炸等效静荷载）	核武器爆炸

2. 人防地下空间主体设计与结构抗震的理论计算

由于爆炸荷载与地震荷载同属于偶然荷载,两个偶然荷载同时发生的概率非常低,因此结构设计中偶然荷载的作用只取最大值。对于低等级的防空地下室,爆炸作用的设计荷载与高烈度地震下的地震荷载具有可比性。据《建筑工程抗震设防分类标准》（GB 50223—2008）,人防工程通常至少为重点设防类,在抗震设计中一般提高一度设防。人防工程结构设计将地震烈度下的等效静荷载与爆炸下的等效静荷载中的较大值作为输入荷载控制构件截面尺寸与配筋的计算依据。以下将在 PKPM 软件中建模计算人防地下室与普通地下室在相同条件下的梁板柱设计截面与配筋,以比较人防工程的结构抗震能力。

1）基本假设与建模运算

（1）建模参数。以面广量大的复建地下室为例,梁柱结构、柱间距受上部结构控制,对于住宅建筑一般柱间距取为 8.4 m×8.4 m,地下空间开发利用一层,层高 4.0 m,地下空间上层顶板覆土,土层厚度取为 1.2 m,混凝土取 C35。

（2）作用力。城市中常见人防工程多用于人员掩蔽、汽车库、物资库等核 6、核 6B 级人防地下室,其他高等级人防工程一般多为地道和坑道式人防工程,多建于岩石等掩体中。研究以核 5、核 6、核 6B 三个等级人防地下室为主要分析对象,根据国标《人民防空地下室设计规范》（GB 50038—2005）的规定,见表 4-2,取动荷载作用于人防工程的顶板、梁、柱上。根据《建筑抗震设计规范》（GB 50011—2010）,地震荷载分别取 7 度、8 度、9 度烈度下的最大加速度值,见表 4-3。静荷载参照结构设计规范。

表 4-2　　　　　　　　　　　　人防工程防核武器抗力表

人防工程等级	5	6	6B
防核武器抗力/(kN·m^{-2})	130	70	40

来源:《人民防空地下室设计规范》（GB 50038—2005）。

表 4-3　　　　　　　　　　　　不同烈度下的地震加速度值

地震烈度	7	8	9
设计基本地震加速度值	0.10(0.15)g	0.20(0.30)g	0.40g
地震动峰值加速度	0.09$g \leqslant a_{max} < 0.19g$	0.19$g \leqslant a_{max} < 0.38g$	0.38$g \leqslant a_{max} < 0.75g$

来源:《建筑抗震设计规范》（GB 50011—2010）。

(3) 建模运算。在 PKPM 软件中建模,模型为规则的梁柱结构,8×8＝64 个柱子,112 个梁,尚未考虑边墙、侧墙、临空墙、隔墙等墙体,分别计算人防地下室抵御核爆炸和普通地下室抗震情况下的标准结构单元(中间跨)截面面积和配筋(表 4-4,图 4-1—图 4-3)。由于地震荷载作用下对地下室底面产生的作用力有限,基本不发生破坏,因此尽管人防地下室底板会受到核爆荷载的作用,但是模型中为了统一,暂不计算人防地下室底板荷载作用。边墙与临空墙比较复杂,在人防防爆中可能受到较大爆炸荷载作用,在结构稳定中起到重要的控制作用,但是由于不同人防地下室会根据实际情况布局不同的墙,为了普适性,模型中也暂不考虑。

表 4-4 　　　　　　　　　　PKPM 人防及普通地下室梁柱板截面与配筋计算

等级		梁截面/cm (宽×高)	柱截面/cm (宽×高)	顶板厚 /cm	梁配筋/cm² As1(L-M-R) As2(L-M-R) GAsv-Asv0	柱配筋/cm² Asx, Asy, Asc GAsv-Asv0	板配筋/cm² As3(U-D) As4(U-D)
人防 地下室	核 5	650×1 300	700×700	400	92 - 22 - 92 22 - 79 - 22 G4.0 - 2.7	41,41,2.6 G1.4 - 0.0	2 040,2 040 1 140,1 109
	核 6	600×1 100	650×650	350	71 - 17 - 71 17 - 60 - 17 G2.8 - 2.1	10,10,2.6 G1.3 - 0.0	1 483,1 483 875,875
	核 6B	600×1 100	650×650	350	49 - 17 - 49 17 - 43 - 17 G1.7 - 1.1	10,10,2.6 G1.3 - 0.0	1 057,1 057 875,875
普通 地下室	7 度抗震 等级 4 级	600×1 100	650×650	350	39 - 0 - 39 17 - 35 - 17 G0.8 - 0.7	10,10,2.6 G1.3 - 0.0	1 509,1 509 700,700
	8 度抗震 等级 3 级	600×1 100	650×650	350	38 - 0 - 38 17 - 36 - 17 G0.9 - 0.7	16,16,2.6 G1.3 - 0.9	1 509,1 509 700,700
	9 度抗震 等级 2 级	600×1 100	650×650	350	38 - 0 - 38 20 - 36 - 20 G1.0 - 0.8	21,21,2.6 G1.8 - 1.4	1 509,1 509 700,700
	9 度抗震 等级 1 级	600×1 100	650×650	350	38 - 0 - 38 27 - 36 - 27 G1.0 - 0.8	27,27,2.6 G2.4 - 2.3	1 509,1 509 700,700
	9 度抗震 等级特级	600×1 100	650×650	350	38 - 0 - 38 27 - 36 - 27 G4.0 - 4.0	37,37,2.6 G4.0 - 4.0	1 509,1 509 700,700

注:1. Asc—柱一根角筋的面积,采用双偏压计算时,角筋面积不应小于此值(cm²);
　　2. Asx,Asy—该柱 B 边和 H 边的单边配筋,包括两根角筋(cm²);
　　3. Asv,Asv0—加密区斜截面抗剪箍筋面积、非加密区斜截面抗剪箍筋面积(cm²);
　　4. As1(L-M-R)—梁上部左支座、中间、右支座配筋(cm²);
　　5. As2(L-M-R)—梁下部左支座、中间、右支座配筋(cm²);
　　6. As3(U-D)—垂直于主梁方向的板上部、下部配筋(cm²);
　　7. As4(U-D)—平行于主梁方向的板上部、下部配筋(cm²);
　　8. Uc—柱的轴压比;
　　9. G—箍筋标志。

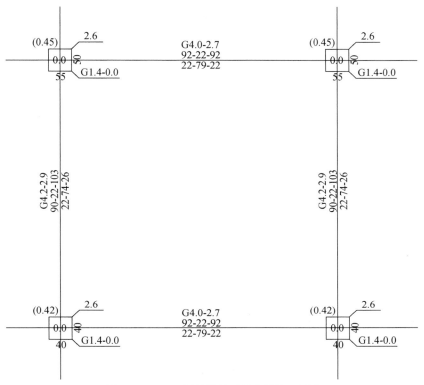

图 4-1 PKPM 计算梁柱配筋典型单元简图

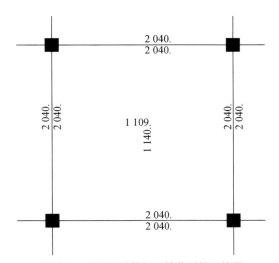

图 4-2 PKPM 计算板配筋典型单元简图

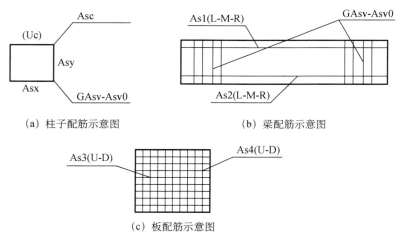

（a）柱子配筋示意图   （b）梁配筋示意图

（c）板配筋示意图

图 4-3　PKPM 模型分析计算结果示意图

2）计算结果分析与讨论

通过 PKPM 模型按照国标分别计算核 5 级、核 6 级、核 6B 级三类人防地下室的柱、梁、板截面尺寸和配筋面积；分别计算普通地下室在 7 度、8 度、9 度烈度地震作用下的柱、梁、板截面尺寸和配筋面积。从计算结果可知：

（1）在基本假设条件下，核 5 级人防地下室需要增加梁柱板的宽度、高度、厚度来抵御保障荷载。核 6 级、核 6B 级人防地下室与普通人防地下室的各截面尺寸相同。可见，通过改变配筋，核 6 级、核 6B 级可达到普通地下室 7 度、8 度、9 度抗震的要求。

（2）比较核 5 级人防地下室与 9 度抗震等级特级地下室的梁柱板的配筋面积，可知：

① 比较梁的配筋面积：核 5 级人防地下室梁上部左支座、中间、右支座纵向配筋面积分别为 71 cm²，17 cm²，71 cm²，梁下部左支座、中间、右支座纵向配筋面积分别为 17 cm²，60 cm²，17 cm²，加密区箍筋配筋面积至少为 4.0 cm²，非加密区配筋面积至少为 2.7 cm²；9 度抗震等级特级地下室，梁上部左支座、中间、右支座纵向配筋面积分别为 38 cm²，0 cm²，38 cm²，梁下部左支座、中间、右支座纵向配筋面积分别为 27 cm²，36 cm²，27 cm²，加密区箍筋配筋面积至少为 4.0 cm²，非加密区配筋面积至少为 4.0 cm²。比较后可见，除了梁下部左右支座的配筋面积略小（约小 18%），非加密区的配筋面积略小以外，梁的其余配筋面积核 5 级人防地下室均偏大。由于梁的支座部分为柱，柱端的作用可以补充梁支座的钢筋不足。梁的中间配筋抗压，核 5 级人防地下室的梁具有更大的荷载承载力。

② 比较柱的配筋面积：核 5 级人防地下室的柱单边受力筋面积均为 41 cm²，角筋面积不小于 2.6 cm²，加密区箍筋配筋面积至少为 1.4 cm²，非加密区配筋面积没要求；9 度抗震等级特级地下室的柱配筋，单边受力筋面积分别为 37 cm²，37 cm²，角筋面积不小于 2.6 cm²，加密区箍筋配筋面积至少为 4.0 cm²，非加密区配筋面积也要大于 4.0 cm²。可见，在柱的箍筋配置上核 5 级人防地下室未达到 9 度抗震等级特级的要求，但是其受力主筋约偏大 10%，可承受更大的压

力和弯矩。考虑到箍筋在柱结构抗地震剪切破坏中的重要作用,适当增加柱子箍筋的面积,核5级人防地下室即可满足抗9度特级震级的要求。

③ 比较板的配筋面积,核5级人防地下室的配筋面积远远大于9度抗震等级特级地下室的配筋面积。尽管核5级人防地下室梁、柱端头的箍筋面积尚不达9度特级震级的要求,但由于防空地下室外墙是重要的承重墙,可分担水平剪切荷载,计算结果表明核5人防地下室完全可以满足9度抗震等级特级的要求。

(3) 比较核6级人防与9度抗震等级1级、2级地下室的梁柱板的配筋面积,可知:

① 比较梁配筋面积,核6级人防地下室梁上部左支座、中间、右支座配筋面积分别为92 cm², 22 cm², 92 cm², 梁下部左支座、中间、右支座配筋面积分别为22 cm², 79 cm², 22 cm², 加密区箍筋至少为2.8 cm², 非加密区至少为2.1 cm²; 9度抗震等级1级地下室的梁配筋,梁上部左支座、中间、右支座配筋面积分别为38 cm², 0 cm², 38 cm², 梁下部左支座、中间、右支座配筋面积分别为27 cm², 36 cm², 27 cm², 加密区箍筋至少为2.4 cm², 非加密区至少为2.3 cm²。比较后可见,除了梁下部左右支座的配筋略小(约小18%),非加密区的箍筋略小以外,梁的其余配筋面积核6级人防地下室均偏大。由于梁的支座部分为柱,柱端的作用可以补充梁支座的钢筋不足。梁的中间配筋抗压,因此核6级人防地下室的梁具有更大的荷载承载力。

② 比较柱的配筋面积,核6级人防地下室的柱单边受力筋面积分别为10 cm², 10 cm², 角筋面积不小于2.6 cm², 加密区箍筋至少为1.3 cm², 非加密区没要求; 9度抗震等级1级地下室的柱配筋,单边受力筋面积分别为27 cm², 27 cm², 角筋面积不小于2.6 cm², 加密区箍筋至少为2.4 cm², 非加密区也要大于2.3 cm²; 9度抗震等级2级地下室的柱配筋,单边受力筋面积分别为21 cm², 21 cm², 角筋面积不小于2.6 cm², 加密区箍筋至少为1.8 cm², 非加密区也要大于1.4 cm²。比较后可见,在柱的主筋配置上核6级人防地下室未达到9度抗震等级1级的要求,且明显偏小约63%,较9度抗震等级2级的柱子主筋配置偏小52%。考虑到柱子在抗地震剪切破坏中的重要作用,且主筋主要起到抗压作用,箍筋承担抗剪的作用,因此,地震剪切荷载作用下核6级人防地下室可以满足9度抗震等级1级要求,垂直作用力作用下基本可满足8度抗震等级3级要求。

③ 比较板的配筋面积,核6级的配筋面积远远大于9度抗震等级1级地下室的配筋面积。因此,考虑到人防地下室外墙的抗剪和抗压作用,核6级人防地下室基本可以满足9度抗震等级1级的要求,完全可以满足9度抗震等级2级的要求。

④ 比较核6B级人防地下室与8度抗震等级3级、7度抗震等级4级地下室的梁柱板的配筋面积,核6B级人防地下室的梁配筋面积偏大,完全满足抗震要求;柱的配筋面积与7度抗震等级4级相同,较8度抗震等级3级的主筋配置面积偏小37.5%,箍筋非密集区偏小一些。顶板配筋在一个方向偏少30%,在另外方向大约20%。考虑到人防地下室外墙的存在,核6B级人防地下室完全满足7度抗震等级4级的要求,基本上满足8度抗震等级3级的要求。

综上所述,比较人防地下室与普通地下室主体结构的抗震性能,防核爆炸设计的核5级、核

6 级、核 6B 级人防地下室防震能力见表 4-5。核 5 级人防地下室可完全抵御 9 度抗震等级特级;核 6 级人防地下室基本可抵御 9 度抗震等级 1 级,完全可以抵御 9 度抗震等级 2 级;核 6B 级人防地下室基本可抵御 8 度抗震等级 3 级,完全满足 7 度抗震等级的要求。

表 4-5   人防地下空间抗震能力分析表

人防等级	抗震等级				
	7 度	8 度	9 度		
			2 级	1 级	特级
核 5 级	完全	完全	完全	完全	完全
核 6 级	完全	完全	完全	基本	局部
核 6B 级	完全	基本	局部	不可	不可

注:表中"完全"表明结构完好无损;"基本"表明主体结构完好;"局部"表明主体结构部分损坏;"不可"表明主体结构发生较大损坏。

3. 人防地下空间抗震的实例验算

上文在理论研究中缺少考虑人防地下室外墙的影响和梁板柱、外墙的整体性影响,理论计算值偏于保守。由于人防地下室埋在地下,周围土体对结构还有自持作用,增加了结构的刚度和整体性。这些利好条件均使人防地下室的抗震性能比较优良。尽管如此,我们却无法直观地获得结论。为此,进一步研究在实际案例中对其进行检验,验证理论计算结论。参照《上海市民防工程平时防灾减灾功能研究》(束昱等,2013)对上海市的案例研究,结构计算采用中国建筑科学院编制的空间有限元分析与设计软件 SATWE(2008 年 10 月版),在地震烈度为Ⅷ度情况下进行地震模拟验算得出:结构位移满足抗震要求;主体结构的抗剪承载力明显大于地震剪力,满足抗震要求。

1)单建掘开式人防工程抗震能力验算

上海市浦东新区某地区单建掘开式人防工程等级核 6 级,框架结构,地下室顶板采用梁板结构,顶板厚 300 mm,外墙厚 300 mm,临空墙厚 300 mm,地下一层。地下工程抗震设计标准为Ⅷ度,抗震等级为三级。在地震烈度为Ⅷ度情况下进行地震模拟验算,比较普通地下室与人防地下室,计算得到地震剪力、结构位移、抗侧刚度、抗剪承载力,见表 4-6、表 4-7。可以看出:在Ⅷ度的地震荷载作用下,普通地下室的抗剪承载力、位移满足抗震要求;人防地下室结构的 X 向抗侧刚度大约提高了 1.76 倍,Y 向抗侧刚度大约提高了 1.96 倍,X 向抗剪承载力提高了约 1.39 倍,Y 向抗剪承载力提高了约 1.45 倍。可见,单建掘开式地下室,不仅普通地下室在高一度烈度等级的地震作用下安全可靠,而且民房工程其抗震性能更佳。

表 4-6   单建式普通地下室地震抗剪承载力计算表

方向	地震剪力/kN	平均层间位移/mm	抗侧刚度/(kN·m^{-1})	抗剪承载力/kN
X 向	$5.021\ 3 \times 10^4$	0.20	$4.004\ 7 \times 10^8$	2.912×10^5
Y 向	$5.096\ 5 \times 10^4$	0.20	$3.038\ 9 \times 10^8$	2.440×10^5

来源:束昱等,2013。

表 4-7 单建式人防工程地震抗剪承载力计算表

方向	地震剪力/kN	平均层间位移/mm	抗侧刚度/(kN·m⁻¹)	抗剪承载力/kN
X 向	5.077 0×10⁴	0.10	7.065 6×10⁸	4.040×10⁵
Y 向	4.511 2×10⁴	0.09	5.952 9×10⁸	3.541×10⁵

来源:束昱等,2013。

2) 附建式民防工程(地下一层)

上海市浦东新区某住宅楼,地下 1 层、地上 18 层,分为普通地下室和人防核 6 级,剪力墙结构,地下室顶板采用梁板结构,抗震设计标准为Ⅶ度抗震等级三级。顶板厚 250 mm,外墙厚 300 mm,临空墙厚 300 mm。按Ⅷ度设防要求计算的地震剪力、结构位移、抗侧刚度、抗剪承载力见表 4-8、表 4-9。可以看出:在Ⅷ度地震荷载下,普通地下室的抗剪承载力、位移已经满足抗震要求;人防地下室结构的 X 向抗侧刚度大约提高了 1.38 倍,Y 向抗侧刚度大约提高了 1.24 倍,X 向抗剪承载力提高了约 1.2 倍,Y 向抗剪承载力约提高了 1.11 倍。可见,附建式地下室,普通地下室满足提高一度设防要求,人防工程抗震性能更优。

表 4-8 附建式普通地下室(地下一层)地震抗剪承载力计算表

方向	地震剪力/kN	平均层间位移/mm	抗侧刚度/(kN·m⁻¹)	抗剪承载力/kN
X 向	9.389×10³	0.45	0.782 1×10⁸	2.518×10⁴
Y 向	8.083×10³	0.51	0.788 5×10⁸	2.309×10⁴

来源:束昱等,2013。

表 4-9 附建式人防工程(地下一层)地震抗剪承载力计算表

方向	地震剪力/kN	平均层间位移/mm	抗侧刚度/(kN·m⁻¹)	抗剪承载力/kN
X 向	9.746×10³	0.32	1.076 5×10⁸	3.024×10⁴
Y 向	8.204×10³	0.40	0.980 7×10⁸	2.572×10⁴

来源:束昱等,2013。

4. 人防地下空间抗风能力对比分析

风灾主要对地面建筑物产生水平的压力和拉力,竖直向上的拉力。当风的强度超过地面建筑物的设计抗风能力时,风压会造成建筑物倒塌以及向上拉力会造成屋顶掀开、倒塌等现象。但由于风一般只是从地面以上水平吹过,对地下建筑物和构筑物不产生荷载,再加上覆盖层的保护作用,因而几乎可以排除风灾对民防地下空间的破坏性。风灾可能对人防地下空间造成破坏的是出入口。具体分析见出入口的防风能力分析。

4.2.2 人防地下空间出入口部的抗震、防风能力分析

1. 人防地下空间出入口的设计荷载

人防地下空间出入口分为室内出入口和室外出入口。室内出入口布置于地面建筑内,室外

出入口以开敞通道直通地面。通常情况下,出入口部仅承受爆炸动荷载作用。如果出入口设置在地面建筑倒塌范围之外,则出入口的受力分析主要包括出入口门框墙的水平荷载作用、临空墙的水平荷载作用,取值见表 4-10。如果出入口布置在地面建筑倒塌范围之内,出入口部还应设置防倒塌棚架。防倒塌棚架受到空气冲击波动压会产生的水平等效静荷载作用和由房屋倒塌产生的垂直等效静荷载,但是考虑到水平和垂直荷载不同时作用,荷载取值见表 4-11。

表 4-10　　　　　　　　　　出入口受等效静荷载作用标准值　　　　　　　　　　（单位:kPa）

出入口部位及形式	作用部位	防护等级		
		核 6B	核 6	核 5
室内出入口	门框墙	120	200	380
	临空墙	65	110	210
室外出入口	门框墙	120	200	480
	临空墙	80	130	320

来源:《人民防空地下室设计规范》(GB 50038—2005)。

表 4-11　　　　　　　　　　开敞式防倒塌棚架等效静荷载标准值　　　　　　　　　　（单位:kPa）

等级	核 6B	核 6	核 5
水平等效静荷载标准值	6	15	55
垂直等效静荷载标准值	30	50	50

来源:《人民防空地下室设计规范》(GB 50038—2005)。

2. 人防地下空间出入口抗震能力

1) 理论计算

人防出入口结构构件与主体结构作为整体,具有一定的抗震能力。无防倒塌棚架的出入口通道不受地震影响。倒塌棚架将受到地震的水平等效静荷载和垂直等效静荷载的作用。理论上,地震荷载的等效静荷载(按照钢筋混凝土梁板框架结构,板厚 300 mm),7 度烈度(0.15g)、8 度烈度(0.30g)、9 度烈度(0.40g)分别为 1.06 kPa,2.12 kPa,2.82 kPa,明显小于核爆炸等效静荷载的大小,见表 4-11。故防倒塌棚架在地震作用下整体结构稳定。

2) 实例计算

参考《上海市民防工程平时防灾减灾功能研究》(束昱等,2013)对上海市某人防地下室防倒塌棚架的抗震分析实例计算,可知按照标准抗震设防类设计的防倒塌棚架在提高一度地震烈度作用下结构依然稳定。

浦东新区某人防工程防倒塌棚架,高 2.40 m,水平方向 6 跨,柱距 4.0 m,竖直方向 1 跨,开间 4.45 m。抗震设防烈度为Ⅶ度,建筑抗震设防类别为丙类,框架抗震等级为三级。棚架顶板采用梁板结构形式,截面尺寸见表 4-12。在Ⅷ度地震荷载下的变形位移见表 4-13。可知,满足战时功能的防倒塌棚架在提高一度烈度地震作用下的位移,层间位移等变形指标均很小,完全能够满足抵御设防烈度地震作用的要求。

总之，人防出入口自身结构与主体结构共同构成人防地下室的结构，具有一定的抗震性能。室内出入口受地面建筑抗震能力的影响，设置防倒塌棚架的可完全抗震；室外出入口在建筑倒塌影响范围外布置的可完全抗震；室外出入口布置于建筑倒塌范围内并设置防倒塌棚架的可完全抗震。

表 4-12　　　　　　　　　　　　　防倒塌棚架主要构件截面尺寸表　　　　　　　　　　（单位：mm）

X 向梁	Y 向梁	顶板	柱
300×300	300×400	150	300×300

来源：束昱等，2013。

表 4-13　　　　　　　　　　　　　防倒塌棚架地震变形位移计算表

方向	节点最大位移/mm	层平均位移/mm	最大层间位移/mm	最大值层间位移角
X 向	0.24	0.23	0.24	1/9 999
Y 向	0.34	0.26	0.34	1/6 988

来源：束昱等，2013。

3. 人防地下空间出入口的抗风能力

在所有风灾中，龙卷风对建筑产生的破坏威力最大。以下以龙卷风为例分析人防出入口的抗风能力。

龙卷风是通过极高速风的冲击作用和通过时产生的突然气压降袭击建筑物产生破坏作用的（汤卓等，2012）。极高速风产生水平冲击力，突然气压降产生水平和竖直向的压力，二者耦合共同对建筑产生破坏作用。

根据 Chang（1983）进行龙卷风的实验室模拟，并实测了龙卷风的风速，拟合得到式（4-1）。

$$w_0 = k \times \frac{U^2}{1\ 600} \tag{4-1}$$

式中　w_0—— 最大水平速度产生的水平风压极值；

　　　k—— 调整系数，可取 1.2；

　　　U—— 最大水平速度。

根据甘文举（2009）研究的系数取值，计算 F3 等级下龙卷风（F3 级龙卷风在我国已经达到百年不遇的水平），由式（4-1）可知，最大水平速度产生的水平风压极值为 6.075 kPa。根据表4-14（汤卓等，2012），F3 级龙卷风的最大气压降为 6.37 kPa，则封闭建筑最大破坏风压值为 6.075＋6.37＝12.445 kPa。敞开式构筑物不受气压降的影响，只受水平风力的冲击，最大值为 6.075 kPa。与人防地下室出入口的设计荷载相比，核 6B 级人防地下室出入口门框墙和临空墙可以承受 120 kPa 和65 kPa 的荷载作用，远远大于龙卷风的作用，因此直通室外不带防倒塌棚架的人防工程出入口具有防风性能。核 6B 级开敞式防倒塌棚架可以承受 6 kPa 的水平作用，与 F3 级龙卷风作用力相当,基本不会失稳。因此,直通室外的人防出入口和带防倒塌棚架的人防出入口均对风灾具有抵抗力。结合前文的分析,可得出讨论:人防工程主体结构和出入口对风灾具有良好的抵抗能力。

表 4-14　　　　　　　　　　　　　F1, F2, F3 级龙卷风的特征参数值

等级	U 最大速度 /(m·s⁻¹)	最大切向速度 /(m·s⁻¹)	最大切向速度 对应半径/m	平均速度 /(m·s⁻¹)	最大气压降 /kPa
F3	90	74.1	50.0	17.9	−6.37
F2	65	52.4	50.0	12.6	−3.18
F1	35	28.2	50.0	6.8	−0.92

来源:汤卓等,2012。

4.2.3　人防地下空间设施的防灾完备性分析

1. 人防地下空间设施配置

人防地下空间包含指挥工程、医疗救护工程、防空专业队工程、人员掩蔽工程及配套工程五个方面。根据各自工程的职能和特点,配置了完善的配套设施。由于指挥工程的保密级别较高,不适合平战结合利用,因此以下分析中将重点论述其余四方面的设施配置。医疗救护工程、防空专业队工程和人员掩蔽工程有大规模人员使用、停留,因此其配套设施非常齐全,包含通风、采暖、供电、通信、供水、排水等配套基础设施,统计见表 4-15。配套工程包含区域电站、区域供水站、人防物资库(满足战时留城人口 3 个月的物资)、人防汽车库、食品站、生产车间、人防交通干(支)道、警报站、核生化监测中心、洗消设施、厕所等。有人员掩蔽功能的配套工程设置有战时储水池(箱)、内部水源井或外水源井,且设置正常照明和应急照明。

表 4-15　　　　　　　　　　　　供人使用的人防工程设施配置指标表

人防工程	分类	防护等级	有效面积	通风	采暖	供电	供水
医疗救护工程	中心医院	核 5	2 500～3 300 m²	自然通风与机械通风结合,通风防护包括:清洁通风、滤毒通风和隔绝通风	有采暖要求时,采用散热器或热风取暖	内部电站,正常照明、事故照明、应急照明和疏散标准照明	市政管网或区域水源供水自备水源:内水源 2～3 d,无内水源 15 d
	急救医院	核 5	1 700～2 000 m²			内部电站,正常照明、事故照明、应急照明和疏散标准照明	
	救护站	核 6	900～950 m²			正常照明、应急照明	

人防工程	分类	防护等级	有效面积	通风	采暖	供电	供水
防空专业队工程	人员掩蔽	核4B～核5	3 m²/人			正常照明、事故照明、应急照明和疏散标准照明	
	车辆掩蔽	核5	小型车：30～40 m²/台 轻型车：40～50 m²/台 中型车：50～80 m²/台			正常照明、事故照明、应急照明和疏散标准照明	
人员掩蔽工程	一等奖	核5～核6	1 m²/人			建筑面积超过5 000 m²设置内部电源 正常照明、事故照明、应急照明和疏散标准照明	市政管网或区域水源供水自备水源：内水源2～3 d，无内水源15 d
	二等	核5～核6B					

2. 人防地下空间设施与城市避难场所设施对比分析

1）设施配置的目标

人防工程从战争空袭的防御，尤其是核武器爆炸产生的灾难性后果出发，设置了完备的人员掩蔽、救援、医疗、专业队和灾后恢复系统，设施配置在满足基本人员生活需求的基础上，突出密闭、隔离的防化特性。

避难场所突出避难安置和应急救援的特性。主要应对城市突发紧急事件时的人员安全宿住和医疗救助，保障避难人员的基本生活需求，并指挥灾后恢复、组织专业队救援。

因此，在设施配置的目标上，人防设施配置目标不仅涵盖了避难场所的设施配置目标，而且考虑了抗暴、防化等更高要求。

2）设施配置的种类

人防工程按照功能包含指挥工程、医疗救护工程、专业队工程、人员掩蔽工程及辅助配套工程，供人使用的人防工程配置完善的公共服务设施和应急基础设施。避难场所按照规模功能的不同，内部也包含了相应的公共服务和应急基础设施，统计见表4-16。可以看出：人防工程的人防指挥所、各级医疗救护工程、防空专业队工程、人员掩蔽工程、配套工程的主要职能和设施配置与避难场所的应急指挥、医疗救援、专业救援、宿住、辅助功能的主要职能与设施配置一一对应、相互匹配。从各自功能对应的设施配置分析，人防工程各功能的设施配置包含了避难场所的功能和设施配置。通过对比分析可以看出，按照我国现行规范要求的避难场所设施配置，仅仅相当于人防工程设施配置的一部分，因此人防工程的设施配置可以满足避难场所的需求。

表 4-16　　人防工程和避难场所的功能与设施配置匹配分析表

人防工程功能	人防指挥所	医疗救护工程	专业队工程	人员掩蔽工程	配套工程		
					物资库	洗消、消防	公共服务设施
设施配置	监控、广播、通信、供水、电源、照明、防化通信等	医疗设施、医疗物资、供水、电源、通信、排水、环卫等	车辆、通风、采暖、供水、供电、通信、照明	生活物资、通风、采暖、供水、供电、通信、照明等	生活物资、食品、药品	核生化监测、盥洗、冲淋、消防器材	生产车间、发电站、警报站
防护单元	√	√	√	√	√	√	√
避难场所功能	应急指挥	医疗救援	专业救援	宿住	辅助功能		
					物资仓储与发放	消防	公共服务设施
设施配置	监控、广播、应急通信、电源控制等	医疗设施、医疗物资、供水、电源、排水、环卫等	救援机械、工程车辆、供水、供电、通信	生活物资、电源、照明、生活卫生用品等	应急物资、食品、药品存储发放	消防器材、消防管网等	综合管理、治安、综合服务

避难场所类型	中心级	√	一级√	√	√	√	√	√
	固定级		二级√	√	√	√	√	√
	紧急级		三级√	√	√	√	√	√

注:"√"表示应设。

4.3　非人防地下空间协同防空、抗震和防风能力分析

非人防地下空间的功能类型较多,本节以普通地下室和地铁为例,从结构安全性和设施完备性两方面分析非人防地下空间的防空、抗震和防风性能。

4.3.1　非人防地下建筑结构安全性分析

地铁和普通地下室均按照各自的技术规范进行结构设计和建设。那么满足规定要求的普通地下室、地铁的主体结构和出入口是否都满足防空、抗震和防风的要求呢?

1. 非人防地下空间建筑结构的建设标准

根据现行国家标准《建筑工程抗震设防分类标准》(GB 50223—2008)和《地铁设计规范》(GB 50157—2013),地铁属于重点类建筑,按照乙类建筑进行抗震设计:应按高于本地区抗震设防烈度一度的要求加强其抗震措施;当抗震设防烈度为 9 度时应按比 9 度更高的要求采取抗震措施;地基基础的抗震措施,应符合有关规定。同时,应按本地区抗震设防烈度确定其地震作用。

《地铁设计规范》(GB 50157—2013)中关于地铁地下结构的荷载,包含地震和人防等偶然荷载。在该规范中提出考虑抗震,参照现行国家标准《建筑抗震设计规范》(GB 50011—2010)的有关规定执行。人防参照《人民防空工程设计规范》的要求,达到人员掩蔽核 6B 级的要求。考虑地震荷载作用,地震荷载取值与结构计算方法均与地面建筑结构相同。地铁地下结构的设防目标为:

(1)当遭受低于本工程抗震设防烈度的多遇地震影响时,地下结构不损坏,对周围环境及地铁的正常运营无影响。

(2)当遭受相当于本工程抗震设防烈度的地震影响时,地下结构不损坏或仅需对非重要结构部位进行一般修理,对周围环境影响轻微,不影响地铁正常运营。

(3)当遭受高于本工程抗震设防烈度的罕遇地震(高于设防烈度 1 度)影响时,地下结构主要结构支撑体系不发生严重破坏且便于修复,无重大人员伤亡,对周围环境不产生严重影响,修复后的地铁应能正常运营。

普通地下室结构设计中考虑地震的作用,其设防等级取与地面建筑相同的等级,通常按照普通设防类建筑(丙类)考虑,取当地地震烈度抗震等级 4 级或 3 级对应的动峰值加速度作为结构设计的荷载。部分重要建筑的地下室抗震等级可能达到 2 级、1 级或特级。普通地下室一般不考虑人防荷载,兼顾设防时,出入口、临空墙等部位按照人防要求预理或预留设施。

因此,地铁和普通地下室建筑结构设计中,除了考虑常规荷载外,防灾方面计算地震偶然荷载的作用和空袭核爆荷载作用,不考虑风灾。

2. 非人防地下空间的防空安全性

《人民防空工程战术技术要求》中提出地下空间平战结合的要求:"城市地铁、地下交通隧道、地下综合体等大型地下建筑的规划、布局、选址应符合城市总体防护要求,城市地下交通干线应与就近重要人民防空工程和人民防空交通干(支)道合理连通。城市地铁战时是城市人民防空工程体系的重要连接线,主要功能是保障人员安全交通、转移和物资运输。地铁车站战时可作为人员紧急掩蔽场所,其防核武器和防常规武器的级别,应按国家确定的人民防空城市类别具体制定。城市地下停车场、地下商场、地下娱乐设施以及普通地下室等项目的建设应充分考虑战时人民防空的需要,并有利于临战加固。城市地下交通隧道的战时功能以人员疏散、物资运输为主,必要时也可用于临时人员和物资掩蔽。"因此,地下空间的平战结合,从地下空间自身的功能、布局特征来看,防空袭的主要作用表现在地铁系统的连通、转移、运输功能,地铁车站、普通地下室作为紧急人员掩蔽场所。但是安全性到底如何呢?以下将从主体结构和出入口部两方面进行分析。

1)主体结构的防空安全分析

以普通地下室为例,丙类建筑,如 4.2.1 节中的计算,7 度抗震等级 4 级的普通地下室其结构计算和配筋与核 6B 级人防地下室的配筋基本相当,即普通地下室的主体结构基本上可以抵抗核 6B 级别武器的爆炸作用而不发生结构破坏。相同情况下,地铁为乙类建筑,其结构抗震构造比普通地下室的要高一度,几乎可达到 8 度抗震等级 3 级的水平。由 4.2.1 中的计算可知,基本上满足人防地下室核 6B 级的要求,且当前地铁隧道和地铁站埋深较深,对抵抗空袭相对比较有利。总之,7 度抗震设防地区的地铁和普通地下室的主体结构可以达到人防地下室核 6B 级的水准。

2)出入口部的防空安全分析

(1)口部倒塌分析。

地铁车站通常有多个出入口,且至少保证 1 个直通地面的室外出入口。当室外出入口位于建筑倒塌影响范围外时,出入口安全;当室外出入口处于建筑倒塌影响范围内,或是室内出入口时,由于通常不设置防倒塌棚架,则当受到核武器空袭时,出入口可能被倒塌建筑物封堵。普通地下室也是相同的情况。室内出入口或室外受到建筑倒塌影响的出入口空袭时可能被封堵,室外位于建筑倒塌影响范围外的出入口相对安全。根据相关规范,建筑倒塌范围的规定如下:钢筋混凝土建筑倒塌范围为正投影周边 5 m 范围;砌体结构建筑倒塌范围按建筑高度的一半计算。

(2)防爆防化分析。

地铁车站、普通地下室出入口如果按照兼顾设防的要求设计预埋防护门、密闭门等构建,可在临战转换时在规定时间内完成平战转换,达到防护、密闭、隔离的要求。但是对于那些并未兼顾设防的地铁车站和普通地下室,则不具备防爆防化能力。

总之,地铁、普通地下室的主体结构具有一定的防空能力,7 度烈度地区的地铁和普通地下室主体结构均可满足核 6B 级人防地下室的标准。但是由于地铁、普通地下室出入口没有防倒塌棚架设计,处于倒塌建筑影响范围内的出入口易受影响。兼顾设防的口部设计可临灾加防爆门和密闭门,转换为临时人防掩蔽场所及人员转移、运输、连通的主要通道。

3. 非人防地下空间的抗震、抗风安全性

1)地下空间的抗震安全分析

(1)主体结构的抗震分析。

地下空间的建筑结构设计中,抗震是非常重要的方面。在设计中,如 4.2.1 节的理论计算中,7 度抗震等级 4 级的普通地下室其结构计算和配筋与核 6B 级人防地下室的配筋基本相当。在实例计算中,以丙类建筑 7 度抗震等级设计的普通地下室在受到 8 度地震作用时,结构稳定,变形满足抗震要求,抗剪承载力是地震剪切荷载的 5~8 倍。由此可推测,地铁按照乙类建筑提高一度设防,在遭受高一度地震作用时理论上也是安全的。

由于地下建筑参照地面建筑的地震动荷载作用进行结构设计,尚未考虑地下建筑周边土体对结构的约束以及地层中地震动峰值加速度的折减。由于地下结构受到地层的约束,地震时与地层共同运动,地层的变形大小直接决定了地下结构的变形。根据日本有关资料,地下结构地震时的加速度反应谱的量值仅相当于地面结构的 1/4 以下,埋深较大的隧道影响更小。同时地铁地下结构多采用抗震性能较好的整体现浇钢筋混凝土结构及能够适应地层变形的装配式圆形结构,震害明显低于地上结构。实际发生地震后地下结构的破坏情况也证明了这一点。因此,按照规范规定设计的地下建筑在遭受高于设计等级的地震作用时,较地面建筑表现良好,具有比较高的安全性。

（2）出入口部的安全分析。

与防空出入口部的情况类似,当出入口位于室外建筑倒塌范围以外时,出入口安全;当出入口位于室内或者建筑倒塌范围以内时,出入口的安全性受到建筑抗震性能的影响。钢筋混凝土建筑不倒塌,砌体结构建筑倒塌,影响范围按照建筑高度的一半计算。

2）地下空间的抗风安全分析

抗风的分析如前所述,地铁、普通地下室主体结构位于地面以下,不受风灾影响。风灾对地下空间的出入口部可能造成影响。室外的直通地面型出入口,受到风灾的水平力作用,由前文分析可知,核6B级人防地下室出入口可抵御F3级龙卷风的破坏。地铁与普通地下室兼顾设防均可达到核6B级的标准,因此,直通室外的出入口处于建筑倒塌范围之外具有抗风安全性。位于建筑倒塌范围内的出入口安全性受到建筑抗风安全的影响。当遇到超过建筑设计荷载水平的一定程度的风荷载时,建筑物将发生破坏,影响相应范围内的地下空间出入口的安全。

总之,地铁和普通地下室,在人防设防等级较高的城市普遍要求兼顾设防,平灾结合,可达到人防地下室核6B级的水准要求。其主体结构防空、抗震、防风的能力与人防工程基本相同。尚未兼顾设防的地铁和普通地下室,按照7度抗震设防等级的结构设计基本上可满足主体结构防空、抗震、防风的要求。非人防地下空间出入口易受周围建筑倒塌的影响。出入口的选址及周边受影响建(构)筑物的抗灾能力是影响地下空间防空、抗震、防风安全性的重要制约因素。

4.3.2　非人防地下空间设施的防灾完备性分析

1. 地铁车站及网络的连通性

以上海市为例,截至2012年年底,已建成轨道交通11条线路,439 km,287座车站,其中190座地下车站,32座换乘站,轨道交通网络基本形成。轨道交通地下车站与周边地区地下空间连通整体情况良好:62座地下车站与周边地下空间实现了连通,占地下车站总数的32.6%;32座换乘枢纽中21座实现联通,占66%。

与轨道交通地下车站连通最主要的物业类型是地下商业,占全部连通物业类型的68%,其次为公共交通枢纽类型,占11%,如图4-4所示。可见,地铁车站具有良好的连通性,可借道地铁车站到达各种类型的目的地。

2. 地铁车站设施与疏散避难需求对比分析

轨道交通地下车站具有良好的连通性,将各种物业整合起来,构成地铁车站为主体的人员疏散避难体系:地下商业场所具有丰富的食物和基本的生活服务物资;地下停车场(库)可作为战时专业队工程和地震风灾时专业救援队伍场所;文体公建、地下办公、居住区等均可作为人员掩蔽所和宿住区;公交枢纽和地铁线路可作为战时和灾时人员疏散、物资运输的节点和干道。

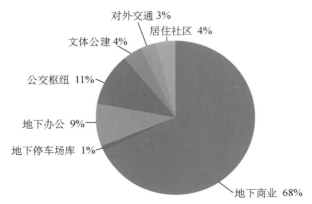

图 4-4　上海市轨道交通地下车站连通物业类型统计

来源：上海市城市规划设计研究院，2013。

地铁车站及其连通的物业可满足战时和灾时短期人员疏散避难设施与配套设施的需求。总之，地铁车站及其周边连通的地下空间可构成战时和灾时重要的人员掩蔽场所及疏散运输节点。

3.普通地下室的设施分析

普通地下室附建于上部建筑，平时为停车场（库）或物资库。通常情况下缺少必要的应急设施和生活服务物资。当与周边地下空间连通时，可用作应急宿住、人员掩蔽场所；当不与周边地下空间连通时，不可作为人员掩蔽场所，可作辅助用房，如物资存储、车辆掩蔽等。

4.4　城市地下空间兼作避难场所的规划策略

由前文分析可知，人防地下空间战平结合与非人防地下空间平战结合，具有防空、抗震、防风的潜能，可以充分利用地铁网络的线性连通功能、地铁站及周边地区地下空间的面状辐射功能以及分散的居住区地下室的点状节点功能形成"点＋线＋面"相结合的城市地下空间防灾格局。以下将以上海市为例研究地下空间防灾布局以及与地上空间结合的避难场所规划布局。

4.4.1　城市地下空间防灾体系与功能

1.城市地下空间兼作避难场所的设计要素

由上文地下空间的防空、抗震和防风的潜能分析可知，出入口部的防灾安全性是影响地下空间防灾性能的重要制约因素。因此，地下空间兼作避难场所，出入口部的选址与设计是保障安全性并促进地下空间灾时发挥作用的重要因素。地铁地下空间与普通地下室出入口应至少保证两个直通地面的出入口，且至少保证一个出入口位于室外、建筑倒塌覆盖范围以外。如果出入口选址由于客观因素无法避开建筑倒塌覆盖，应按照人防地下室核 6B 级标准加建防倒塌棚架。

新建地下空间出入口选址尽可能考虑室外避开建筑倒塌影响,既有地下室的主出入口通过改建,增加防倒塌棚架,以此满足地下空间的防灾避难安全性。以下讨论人防及地下空间的防灾体系与功能均是在保障自身防灾避难安全的前提下展开。

2. 城市地下空间的防灾功能

1) 人防地下空间的防灾功能

人防地下空间的系统功能包含指挥、医疗救护、防空专业队、人员掩蔽和配套服务。当发生地震和风灾时,人防工程的系统功能均可提供相应的防灾功能。人防指挥工程可以作为地震、风灾时的指挥场所;医疗救护、防空专业队、人员掩蔽均与地震、风灾的避难场所的功能相吻合。通常人员掩蔽、防空专业队等面广量大的人防工程结合居住社区结建或单建。

2) 地铁的防灾功能

地铁轴心放射状和环状的网络状布局,将各地铁站连通起来,形成连通中心城区与外围城镇和郊区的人员、物资运输网络。当发生战争、地震和风灾时,可将中心城区稠密人口疏散进入新城及郊区掩蔽和避难,尤其对于中心城区避难需求大于避难供给的地区;同时可将紧急物资由城市外部快速运输进入中心城区的每一个地铁站点和连通的地下空间。

3) 普通地下室的防灾功能

通常普通地下室可与地铁车站结合,与人防工程结合,与居住区结合。普通地下室与地铁车站连通,可构成地铁车站及周边地下空间公共服务片区,依照不同的平时使用功能可以作为紧急情况下的人员掩蔽、专业队救援、车辆掩蔽停放、物资存储转运等功能;普通地下室与人防工程结合,可作为人防各功能的配套空间;与居住区结合的附建式普通地下室,可作为临时人员掩蔽、物资存储、车辆停放等功能。

例如,日本3·11大地震后东京火车站站前广场八重洲地下街,在大地震当天高峰时期2 000多人无法返家而停留、夜宿在地下街中。由于可确保24小时电力和空调、灯光、暖气和洗手间,同时有完善的交通播报与灾情传递服务,驻留的大批人群得到了较好的应急安置,没有发生大的混乱,如图4-5所示。

图4-5 日本八重洲地下街3·11大地震当天地下街内景照

来源:粕谷太郎,2015。

在现今大城市中,受地震、风灾等突发灾害影响而有大规模人员紧急避难需求时,地铁车站及周边地下空间形成的防灾节点便成为最重要的提供安全避难和应急服务的公共场所。

3.城市地下空间的防灾体系

在城市中心城区高密度建设地区,地下空间可构成"点—线—面"的三级疏散避难体系。以上海市中心城区为例,见图4-6,表4-17,地铁网络构成人防及地下空间防灾体系的主体骨架;地铁站及其周边地区地下空间开发形成的重点片区为防灾的重要核心,依托地铁线路串连成网;广泛分布的居住区人防地下室为基础点的"点—线—面"三级疏散避难体系结构。

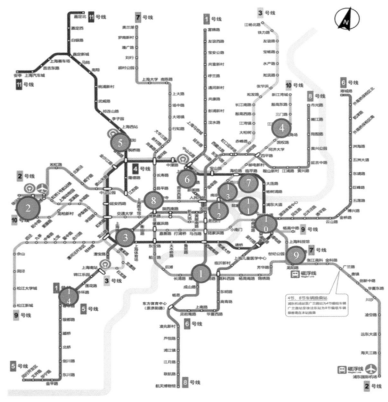

图4-6 上海市地铁运营线路图与地下空间开发重要片区

来源:上海市城市规划设计研究院,2013。

表4-17 上海市中心城区重点地区地下空间规划建设表

序号	地区名称	所属区	地下空间开发类型	备注
1	世博会地区	浦东新区	地区整体开发	中心城
2	虹桥综合交通枢纽	闵行区	地区整体开发	市郊重点地区
3	徐家汇地区	徐汇区	商业开发＋交通枢纽建设	中心城
4	五角场地区	杨浦区	商业开发＋交通枢纽建设	中心城

（续表）

序号	地区名称	所属区	地下空间开发类型	备注
5	真如地区	普陀区	地区整体开发	中心城
6	汉中路枢纽	闸北区	枢纽节点建设	中心城
7	北外滩地区	虹口区	地块整体开发	中心城
8	静安寺地区	静安区	商业开发＋交通枢纽建设	中心城
9	龙阳路枢纽地区	浦东新区	商业开发＋交通枢纽建设	中心城
10	世纪大道东方路枢纽	浦东新区	枢纽节点建设	中心城
11	陆家嘴金融二期	浦区新区	地块整体开发	中心城
12	豫园地区	黄浦区	商业开发＋交通枢纽建设	中心城
13	外滩地区	黄浦区	地区开发、改造	中心城
14	莘庄地区	闵行区	地区开发、改造	市郊重点地区

来源：上海市城市规划设计研究院，2013。

4.4.2　城市固定避难场所选址优化模型

1. 避难场所的规划目标

由避难场所规划布局的既有研究方法和规划布局依据的公共设施选址理论，本书提出城市固定避难场所选址应达到以下目标：

（1）公平性：疏散避难场所均匀分布于城市中，使得每一个避难人员均有避难场所可达。

（2）经济性：最少的避难场所建设投入，如图4-7所示。

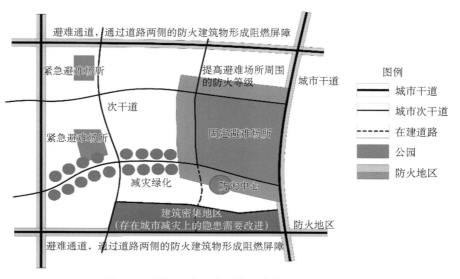

图4-7　疏散避难场所与疏散避难道路布局示意图

来源：戴慎志，2011。

（3）效益性：所有人达到避难场所的时间最短。

2. 避难场所优化目标的优先度

（1）投入最少：决定了避难场所的个数 P 和规模，基本确定了避难场所的选择。

（2）所有人总的疏散路径最小：微调避难路径，在确定的 P 个避难场所中更改避难路径。

3. 避难场所的约束条件

（1）所有人都有避难场所可去。

（2）所有人避难时间满足最大避难时间的约束。

（3）避难场所不能超负荷承载。

4. 模型构建

在考虑避难场所服务容量有限、疏散避难时间有限、所有人均可达避难场所三个约束条件的基础上，构建最少投入目标下的集合覆盖模型（Set Covering Location Problem，SCLP）和综合疏散时间最短目标下的 P-中值模型。

1）设置预设的选址规则

根据所述选址规则，获取待规划区域的相关参数及决策变量；所述相关参数包括：预设范围内供给节点（需要避难）人员数量 h_j、所有避难场所数目 k、供给节点 j 到避难场所 k 的行程时间 t_{kj}、避难人员从供给节点 j 至避难场所 k 的吸引力 γ_{kj}、避难人员从供给节点走到避难场所的最大允许时间 $T_{\max}$、避难场所 k 的有效避难面积 S_k、最大允许避难人数 z_k 和 i 等级避难场所的建设成本 m_{ik}。

所述决策变量包括：

$$x_k = \begin{cases} 1, & k \text{ 负载节点被选中} \\ 0, & k \text{ 负载节点未被选中} \end{cases}$$

$$y_{kj} = \begin{cases} 1, & j \text{ 需求节点的人员选择 } k \text{ 负载节点} \\ 0, & \text{其他} \end{cases}$$

将所述相关参数及决策变量，输入预设优化模型；输出需要避难场所的数量、位置、规模等级及疏散路径。

$T_{\max}$ 表示居民从供给节点走到避难场所的最大允许时间，等于避难场所最大覆盖路径除以居民的平均行走速度，一般固定避难场所的最大允许避难时间选择 10～15 min。

γ_{kj} 表示避难场所对供给节点居民的吸引力，与供给节点居民数量和避难场所的建设规模成正比，与供给节点和避难场所之间最短距离的步行时间的平方成反比。

m_{ik} 表示第 i 类避难场所 k 的建设成本，与避难场所的最大允许避难人数 z_k 成正比，与避难场所类别的单位成本成正比。

识别待规划区域中所有供给节点与负载节点，生成供给节点位置矩阵与负载节点位置矩阵。所述供给节点包括居住区及居住用地，所述负载节点包括公园、绿地、广场、学校、救助站、操场、体育场和社会旅馆;所述避难场所在所述负载节点中选址。

根据网络拓扑关系计算所有供给节点至所有负载节点的路网路径,生成路径矩阵与逃生时间矩阵。

根据供给节点内的建(构)筑物震害特征、人员组成特征估算各供给节点在灾害后需要救助的人数 h_j。

根据负载节点的有效避难面积,负载节点承载人数上限 z_k 等于有效避难面积除以人均固定避难面积。

2) 模型公式

$$\min \sum_{k=1}^{K} \sum_{i=1}^{3} m_{ik} y_{kj} \tag{4-2}$$

$$\min \sum_{j=1}^{J} h_j \sum_{k=1}^{K} t_{kj} y_{kj} \tag{4-3}$$

$$\sum_{k=1}^{K} y_{kj} = 1, \ \forall j \tag{4-4}$$

$$\sum_{k=1}^{K} t_{kj} y_{kj} \leqslant T_{\max}, \ \forall i \tag{4-5}$$

$$\sum_{j=1}^{J} h_j \cdot y_{kj} \leqslant z_k, \ \forall k \tag{4-6}$$

$$\gamma_{kj} = \alpha \frac{z_k \times h_j}{t_{kj}^2} \tag{4-7}$$

$$m_{ik} = a_i \times z_k \tag{4-8}$$

$$x_k \in [0, 1], \ y_{kj} \in [0, 1]$$

式(4-2)为目标函数,表示避难场所投入最少;

式(4-3)为目标函数,表示所有居民避难的总时间最短;

式(4-4)为约束条件,表示所有的需求点的避难需求都被满足;

式(4-5)为约束条件,表示居民的避难时间在最大允许时间内;

式(4-6)为约束条件,表示每个避难点的总避难人数不能超过其承载人数上限;

式(4-7)为给出了避难点吸引力与距离及避难人口规模和建设规模之间的关系,其中 α 为调节系数,取值为 0~1 之间的常数。

式(4-8)给出了避难场所的建设成本,其中 $i = 1, 2, 3$,a_i 表示三类避难场所人均建设成本,为常数。一个避难场所对应唯一的等级。依据国家标准《避难场所设计规范》,当 $0.2 \leqslant S_k \leqslant 1 (\mathrm{hm}^2)$,$i = 1$,为固定短期避难场所;当 $1 \leqslant S_k \leqslant 15 (\mathrm{hm}^2)$,$i = 2$,为固定长期避难场所;当 $S_k \geqslant 15 (\mathrm{hm}^2)$,$i = 3$,为中心避难场所。

4. 模型求解应用

假设规划区内有 10 个居住小区和 9 个避难场所资源,需要从中选择最优的避难场所选址。

1) 基本输入参数

(1) 已知需求点居住区 10 个, $j = 10$, 避难场所供给点 8 个, $k = 8$; 通过建筑和人口的分析, 确定每个居住区的避难人口数为式(4-9), 单位人。

(2) 避难场所待选点的有效避难面积为式(4-10), 通过避难场所待选点的用地面积乘折减系数获得, 单位 m^2。

(3) 避难场所待选点的最大允许避难人数为式(4-11), 依据国家标准《防灾避难场所设计规范》(GB 51143-2015)的要求, 人均有效避难面积为: 固定短期避难场所 2 m^2/人; 固定长期避难场所 3 m^2/人; 中心避难场所 4.5 m^2/人, 由式(4-10)折算得到, 单位人。

(4) 需求点到供给节点之间的时间矩阵如式(4-12), 单位 min, 由基于路网的实际最短路径和步行的平均疏散速度 3 km/h 计算得到。

(5) γ_{kj} 矩阵按照式(4-7)计算, α 取值为 1, 归一化后结果如式(4-13), 无量纲; 设定 $T_{max} \leqslant 15$, 单位 min, 则疏散时间超过 15 min 的路径对应的 γ_{kj} 应为 0; 居住区的小避难人数大于避难场所待选点的最大容量时, 对应的 γ_{kj} 应为 0。

(6) 假定固定短期避难场所人均建设成本 5 000 元, 固定长期避难场所人均建设成本 10 000 元, 中心避难场所人均建设成本 20 000 元, 则 $a_1 = 5\ 000$, $a_2 = 10\ 000$, $a_3 = 20\ 000$, m_{ik} 如式(4-14)所示。

$$[h_j] = [1\ 000,\ 1\ 200,\ 1\ 600,\ 2\ 000,\ 400,\ 600,\ 200,\ 300,\ 1\ 400,\ 700] \quad (4\text{-}9)$$
$$(j = 1,\ 2,\ \cdots,\ 10)$$

$$[S_k] = [2\ 100,\ 2\ 000,\ 2\ 400,\ 4\ 000,\ 8\ 000,\ 20\ 000,\ 2\ 600,\ 3\ 000]^{T} \quad (4\text{-}10)$$
$$(k = 1,\ 2,\ \cdots,\ 8)$$

$$[z_k] = [1\ 050,\ 1\ 000,\ 1\ 200,\ 2\ 000,\ 4\ 000,\ 6\ 666,\ 1\ 300,\ 1\ 500]^{T} \quad (4\text{-}11)$$
$$(k = 1,\ 2,\ \cdots,\ 8)$$

$$[t_{kj}] = \begin{bmatrix} 6 & 8 & 10 & 10 & 14 & 15 & 13 & 18 & 19 & 20 \\ 10 & 6 & 10 & 8 & 15 & 17 & 12 & 16 & 20 & 21 \\ 12 & 8 & 5 & 6 & 8 & 10 & 8 & 12 & 15 & 18 \\ 15 & 12 & 5 & 8 & 5 & 7 & 8 & 10 & 13 & 15 \\ 15 & 12 & 10 & 8 & 12 & 15 & 5 & 6 & 10 & 12 \\ 20 & 18 & 16 & 15 & 13 & 15 & 10 & 8 & 10 & 5 \\ 20 & 17 & 16 & 15 & 8 & 10 & 12 & 6 & 8 & 8 \\ 20 & 16 & 13 & 15 & 6 & 5 & 9 & 10 & 8 & 11 \end{bmatrix} \quad (4\text{-}12)$$
$$(k = 1,\ 2,\ \cdots,\ 8;\ j = 1,\ 2,\ \cdots,\ 10)$$

$$[\gamma_{kj}]=\begin{bmatrix} 0.83 & 0.00 & 0.00 & 0.00 & 0.06 & 0.08 & 0.04 & 0.00 & 0.00 & 0.00 \\ 0.66 & 0.00 & 0.00 & 0.00 & 0.12 & 0.14 & 0.09 & 0.00 & 0.00 & 0.00 \\ 0.16 & 0.43 & 0.00 & 0.00 & 0.14 & 0.14 & 0.07 & 0.05 & 0.00 & 0.00 \\ 0.03 & 0.05 & 0.42 & 0.20 & 0.10 & 0.08 & 0.02 & 0.02 & 0.05 & 0.02 \\ 0.04 & 0.08 & 0.16 & 0.31 & 0.03 & 0.03 & 0.08 & 0.08 & 0.14 & 0.05 \\ 0.00 & 0.00 & 0.00 & 0.14 & 0.04 & 0.04 & 0.03 & 0.07 & 0.22 & 0.45 \\ 0.00 & 0.00 & 0.00 & 0.00 & 0.19 & 0.18 & 0.04 & 0.25 & 0.00 & 0.33 \\ 0.00 & 0.00 & 0.00 & 0.00 & 0.16 & 0.35 & 0.04 & 0.04 & 0.32 & 0.08 \end{bmatrix} \tag{4-13}$$

$(k=1,2,\cdots,8;j=1,2,\cdots,10)$

$$[m_{ik}]=[800a_1,\ 1\ 000a_1,\ 1\ 200a_1,\ 2\ 000\ a_1,\ 4\ 000a_1,\ 6\ 666a_2,\ 1\ 000a_1,\ 800a_1] \tag{4-14}$$

$(i=1;k=1,2,\cdots,8)$

2）算例求解

通过分析，本问题属于 NP 难题，拟采用启发式算法，模拟退火算法（Simulated Annealing Algorithm，SAA）的方法进行最优解的求取。

3）计算结果

（1）$\min\sum_{k=1}^{8}\sum_{i=1}^{3}m_{ik}y_{kj}=4\ 750$，即避难场所的最小投入成本为 4 750 万元。

（2）$[x_k]=[0,1,1,1,1,0,1,0]^T$，即选择避难场所 $k=2,3,4,5,7$ 为最终的避难场所；有效避难面积分别为 2 000 m²，2 400 m²，4 000 m²，8 000 m²，2 600 m²；避难场所的等级为固定短期避难场所；容纳规模分别为：1 000 人，1 200 人，2 000 人，4 000 人，1 300 人。

（3）求解 y_{kj} 可得：

$$[y_{kj}]=\begin{bmatrix} 0 & 0 & 0 & 0 & 0 & 0 & 0 & 0 & 0 & 0 \\ 1 & 0 & 0 & 0 & 0 & 0 & 0 & 0 & 0 & 0 \\ 0 & 1 & 0 & 0 & 0 & 0 & 0 & 0 & 0 & 0 \\ 0 & 0 & 1 & 0 & 1 & 0 & 0 & 0 & 0 & 0 \\ 0 & 0 & 0 & 1 & 0 & 0 & 1 & 1 & 1 & 0 \\ 0 & 0 & 0 & 0 & 0 & 0 & 0 & 0 & 0 & 0 \\ 0 & 0 & 0 & 0 & 0 & 1 & 0 & 0 & 0 & 1 \\ 0 & 0 & 0 & 0 & 0 & 0 & 0 & 0 & 0 & 0 \end{bmatrix} \tag{4-15}$$

$(k=1,2,\cdots,8;j=1,2,\cdots,10)$

可知,避难人员的疏散路径为:居住区 $j=1$ 选择进入避难场所 $k=2$;居住区 $j=2$ 选择进入避难场所 $k=3$;居住区 $j=3$ 选择进入避难场所 $k=4$;居住区 $j=4$ 选择进入避难场所 $k=5$;居住区 $j=5$ 选择进入避难场所 $k=4$;居住区 $j=6$ 选择进入避难场所 $k=7$;居住区 $j=7$ 选择进入避难场所 $k=5$;居住区 $j=8$ 选择进入避难场所 $k=5$;居住区 $j=9$ 选择进入避难场所 $k=5$;居住区 $j=10$ 选择进入避难场所 $k=7$。

(4)所有避难人员的最小避难总时间为 74 000 min,所有避难人数为 9 400 人,平均避难时间约为 7.87 min/人,且所有人员的避难时间均在最大允许避难时间之内。

(5)避难场所的建设容量为 19 000 m^2,属于固定短期避难场所,可容纳人口总数为 9 500 人。按照人口的冗余量进行计算,可继续承载 100 人避难,避难场所的使用效率为 98.94%。

现有技术中不仅要研究单一的应急避难场所的规划选址与建设时序,而且还期望了解研究区域整体的疏散避难情况。基于此,尤其是在城市避难场所建设投资有限的情况下,如何合理分配资金,选择效用最高的避难场所组合,不仅满足资金的约束,而且使研究地区所有避难人员的出行时间最短,避难场所的使用效用最高。因此,从博弈论的理论出发,本模型提供的城市避难场所选址的优化方法,其可构建基于效用最大化的应急避难场所选址模型,以优化避难场所的规划选址,提高城市整体的安全性和经济性。

4.4.3 城市地上地下一体化避难场所布局

通过上海避难场所资源分析可知,将所有可用的资源充分利用,既有地上空间避难场所也无法满足避难需求,且二者之间的缺口较大。因此,上文避难场所的选址模型,由于不满足约束条件式(4-5)避难时间需求和式(4-6)避难面积需求,所以无论如何进行优化,也无法满足全体避难人员的避难需求,需要增加避难场所的有效供给。

同样,在发展成熟的老城区,新的建设活动已经基本停滞,将已有的城市建设用地功能改建为开敞空间的可能性非常小,那么如何满足避难需求呢? 在上海这类地震灾害并不强烈的地区,可以利用城市广泛分布的地下空间作为紧急避难场所。以黄浦区为例,见表 4-18,黄浦区人均地下空间开发利用面积已达到 4.69 m^2/人,综合的人均避难面积达到 6.0 m^2/人,可以充分利用地下空间来补充避难场所的不足。此时,可将作为应急疏散作用的地下空间设施,与地面避难场所一起构成城市总的疏散避难场所,满足避难场所的选址模型约束条件,运用此模型可以求得地上、地下空间一体的避难场所优化布局模式。

表 4-18　　　　　　　　　上海市各区县地下空间并入避难场所的面积统计

名称	地下空间面积 /(×10⁴ m²)	人口 /万人	人均地下空间面积[①] /(m²·人⁻¹)	人均避难场所用地面积[②]/(m²·人⁻¹)	综合人均避难场所用地总面积[③]/(m²·人⁻¹)
浦东	1 101.4	411.9	2.75	3.2	5.9
黄埔	382.0	81.3	4.69	1.3	6.0
徐汇	403.0	98.2	4.10	0.4	4.5
长宁	297.3	66.8	4.45	1.0	5.4
静安	188.7	25.8	7.31	2.3	9.6
普陀	248.8	108.7	2.29	0.6	2.9
闸北	224.3	74.5	3.01	1.7	4.7
虹口	216.7	78.1	2.77	0.8	3.6
杨浦	313.9	119.5	2.63	2.0	4.7
闵行	756.4	180.5	4.19	1.0	5.2
宝山	284.5	140.6	2.02	0.5	2.5
嘉定	100.9	103.4	0.97	0.6	1.6
金山	52.5	64.5	0.81	1.3	2.1
松江	132.2	107.4	1.23	2.9	4.1
青浦	128.0	78.9	1.62	0.8	2.4
奉贤	75.5	80.8	0.93	3.9	4.8
崇明	23.4	67.2	0.35	4.3	4.6

注:① 2008 年上海市各区县人均地下空间面积。已经考虑南汇区与浦东新区合并,卢湾区与黄浦区合并。
② 2012 年上海市各区县人均避难场所面积。
③ 上述①②数据的简单叠加。其中人均地下空间面积并不完全可用于避难场所,可用面积较以上数据应适当减小。

4.5　居住区人防地下空间的规划策略

广泛分布的居住区是战争空袭、地震、风灾等灾害的重要避难场所,是居住区中人员紧急疏散避难和短期固定避难的主要场所。居住区的安全是城市安全构成的细胞,是灾后第一时间邻里、社区的自救和互救的前沿阵地。其中,老旧成片建设居住区是隐患、矛盾最突出的地方,更是老年、儿童等弱势群体的集中地,避难需求特殊,遭受突发灾害后后果严重,是疏散避难问题最棘手的地区。下文将从疏散避难和资源统筹的视角分析居住区人防地下空间的开发利用。

4.5.1 居住区用地构成与疏散避难需求

1. 居住区用地构成与基本假设

参照《城市居住区规划设计标准》(GB 50180—2018)的规定,居住区按居住户数或人口规模分为居住区、居住小区和居住组团三级。各级标准控制规模见表 4-19,各类用地平衡控制指标见表4-20。

表 4-19 居住区分级控制规模

类别	居住区	居住小区	居住组团
户数/户	10 000~16 000	3 000~5 000	300~1 000
人口/人	30 000~50 000	10 000~15 000	1 000~3 000

表 4-20 居住区用地平衡控制指标

用地构成	居住区/%	居住小区/%	居住组团/%
住宅用地	50~60	55~65	70~80
公建用地	15~25	12~22	6~12
道路用地	10~18	9~17	7~15
公共绿地	7.5~18	5~15	3~6
居住区用地	199	100	100

假设某居住区人口为 30 000 人,包含 3 个居住小区,每个居住小区包含 3 个居住组团。该居住区以多层、高层为主,人均居住用地取 20 m²/人,则居住区用地规模为 60 hm²。设定住宅用地占 50%,公建用地占 20%,道路占 15%,公共绿地占 15%,则住宅用地为 30 hm²,公建用地12 hm²,道路用地 9 hm²,公共绿地 9 hm²。人均居住面积指标取 26 m²/人,则居住建筑总面积为 78×10⁴ m²。人均公共绿地面积 3 m²/人,其中居住区级别公共绿地面积 1.5 m²/人,居住小区级别公共绿地面积 1 m²/人,居住组团级别公共绿地面积 0.5 m²/人。公建以低层为主,建筑面积指标取上限 3 293 m²/千人,则公建建筑总面积为 9.88 hm²。

按可达性原则,在理想的用地布局中各级公共绿地应布局于用地中心的位置,如图 4-8 所示。

2. 居住区避难需求

居住区以紧急避难和短期固定避难为主,根据国家规范《防灾避难场所设计规范》(GB 51143—2015),紧急避难场所的人均有效避难面积为 0.5 m²/人,仅容避难人员站立即可,避难距离小于 500 m,即步行距离为 10 min;短期固定避难场所的人均有效避难面积为 2.0 m²/人,避难距离小于 1 000 m,即步行距离为 20 min。对于老城区的老式居住区,老人与小孩等弱势

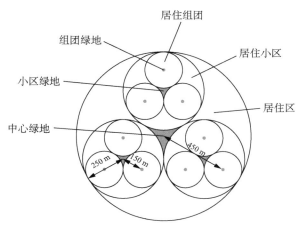

图 4-8 居住区公共绿地理想布局模式图

群体的正常行走速度大约为成人的一半,因此将居住区特殊避难需求的时间限定为:紧急避难距离小于 250 m,以 200 m 为宜;短期固定避难距离小于 500 m。

在图 4-8 中,居住组团中心公共绿地距离组团最远点的水平距离大约为 150 m,满足紧急避难弱势群体的紧急避难需求。居住小区中心公共绿地距离小区最远点的水平距离约为 250 m,居住区中心公共绿地距离最远点的水平距离约为 450 m。可见,居住区理想公共绿地用地布局模式可满足小区紧急和固定短期避难距离的要求。

值得注意的是,居住区短期固定避难,还需要配备 1～3 天的食物和生活必需物资和设施,需要紧急医疗救助以及专业救援队伍等。

4.5.2 居住区避难场所与人防地下空间开发利用现状

1. 居住区避难场所现状

居住区规划建设以 20 世纪 90 年代为分界线:之前缺少相关规范的指导,规划建设中普遍缺乏绿地、广场等公共开敞空间;之后,尤其在《城市居住区规划设计规范》(GB 50180—93)(1993 版)颁布后,规划建设的居住区均有成片的公共绿地和广场等开敞空间。但是不同居住区用地规划布局不同,尤其是作为避难场所的公共建筑与开敞空间,并不一定布局于用地的理想中心,从而导致部分地区的居民避难距离超过规定值。

同时,20 世纪 90 年代前的居住建筑一般为多层砌体结构,考虑建筑在地震、风灾中倒塌的可能性,是以日照间距来控制楼宇间绿地和空地,因此,绿地、广场这些潜在避难场所资源的安全性无法保证。尤其在居住组团和居住小区这一层面,有效避难场所面积更加得不到保证。而居住区层面的公共绿地虽然能提供一定的有效避难面积,但是作为紧急避难场所的疏散距离却不满足要求。

王江波(2015)在研究南京市中心城区居住小区疏散避难过程中,调研了 8 个老旧居住小区

103

（1990 年以前）和 10 个新建居住小区（1990 年以后），图底关系如图 4-9 所示。由于老旧居住区内部绿地、广场等开敞空间缺乏，居住建筑间距普遍不足 10 m，建筑物倒塌后将完全覆盖避难场地，迫使地震紧急避难时居民不得不选择周边市政道路，从而使避难过程不安全和避难时间拉长。而在新建居住小区，内部广场、绿地等开敞空间布局，地震紧急避难居民选择小区内绿地广场的比例较高，但是局部居民紧急避难的距离已经超过 500 m。通过新旧居住小区比较研究发现，在控制受访者等因素条件下，居住区内部是否有广场、绿地，以及广场绿地的有效面积，对地震紧急避难居民选择避难场所至关重要。以居住区弱势群体的避难需求来衡量，紧急避难距离 200 m，同时兼顾灾害发生后建筑破坏、倒塌的影响，新建居住小区避难场所的安全性和可达性也不能完全满足要求。因此，老旧和新建居住组团和小区都需要采取措施提高有效避难面积，缩短避难距离。

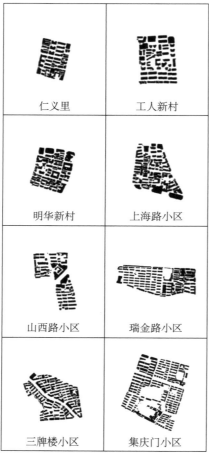

（a）老旧居住小区图底关系

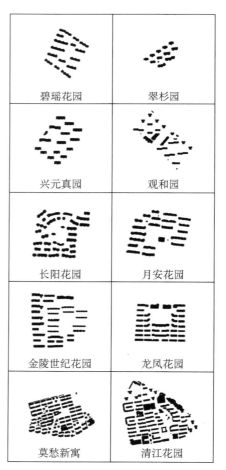

（b）新建居住小区图底关系

图 4-9　南京市中心城区新旧居住区图底关系分析图

来源：王江波，2015。

2. 居住区人防地下空间开发利用现状

居住区人防地下空间开发利用的主要形式是依照《中华人民共和国人民防空法》(1996)以及地方人防部门的政策法规配套建设人防地下室。作为强制性政策法规,我国居住区规划建设中都配建一定规模的人防地下室。参照我国各地人防部门的一般规定,居住区通常依据以下标准配建人防地下室:

(1) 一般情况下10层以上(含10层)或基础埋置深度3 m以上(含3 m,桩基础以承台为准)的9层以下民用建筑按地面首层建筑面积设置防空地下室。

(2) 9层以下,基础埋置深度小于3 m,地面以上总建筑面积达7 000 m² 以上的按总建筑面积的2%修建防空地下室。

(3) 总建筑面积在7 000 m² 以下的按地面总建筑面积标准缴纳一定的防空地下室易地建设费。

按30 000人口规模的居住社区为例,居住建筑总面积78×10⁴ m²,公建建筑总面积为9.88×10⁴ m²。按照人防地下室配建标准,10层以上按照总建筑面积的10%[①]计,10层以下的按照体量7 000 m² 以上的2%计,可得该居住区应该配建人防地下室总面积为8×10⁴ m²,且以住宅用地地下室为主。其中居住建筑下附建人防地下室主要作为人员掩蔽工程,公共建筑下的人防地下室作为医疗救护、专业队工程和配套工程等。

参考《城市居住区人民防空工程规划规范》(GB 50808—2013),居住区各级人防工程的平衡指标为:①居住组团中人员掩蔽工程占人防工程的90%～100%,辅以物资库10%。②居住小区中人员掩蔽工程占人防工程的70%～90%,医疗救护占5%,以救护站为主;专业队以抢修工程为主,占5%;配套工程以物资、食品为主,一般占10%以内。③居住区人员掩蔽工程占比70%～80%,医疗救护以救护站为主,占3%～4%;专业队除了抢修工程还包含治安、消防等,占比4%～5%;配套工程以物资、食品仓储为主,占10%左右。

4.5.3　人防地下空间兼作避难场所规划

一般地,居住区地下空间开发利用,人防配建地下室的刚性约束是其开发利用地下空间的主要动因。由于被动地开发人防地下室,虽然人防空间面广量大,但是使用不便,极大地浪费了地下空间资源,造成地面开敞空间与疏散避难场所缺乏和地下空间资源闲置并存的局面。将居住社区地下空间资源统一规划,提升地下空间使用功能,并且提高居住区疏散避难能力,实现地上地下空间的一体化规划,具有非常大的现实意义。以下将从既有居住区和规划居住区两个方面探索人防及地下空间兼作避难场所的问题。

1. 既有居住区人防地下空间兼作避难场所

既有居住区中开发人防地下空间,以居住建筑下附建防空地下室为主。当发生地震、风灾、

---

① 10%意为地上建设10层建筑,地下配建一层人防地下室。如果地上建设20层,则相应地下配建两层人防地下室。从国内外案例比较可以看出,地上与地下的建设量之比为10∶1,即10%比较适合居住社区。

空袭时，各居住组团的防空地下室可作为紧急避难场所，提供临时避难。由于人防地下室提供人员掩蔽的要求是听到警报 10 min 内到达避难所，其中包含人脑反应和下楼时间，实际评估后水平行走时间约 6 min，水平疏散距离不超过 200 m。人员只需下到地面由人防地下室口部进入地下空间，疏散距离短、疏散人流均匀，避免疏散过程中的不安全事件。同时，人员掩蔽场所中还配备必要的食品、物资，满足人员 1～3 天的避难需要。

在基本假设下作进一步分析，人员掩蔽工程总建筑面积为 7.8×10^4 m²，实际使用面积按 80% 计为 6.24×10^4 m²，包含部分物资库，则人均人防掩蔽有效面积可达 2 m²，满足紧急避难和短期固定避难的面积要求。

医疗救护工程、人防专业队工程和配套工程，可提高居住区人员短期固定避难的服务水平，满足避难场所的设施配置要求。

因此，既有居住区中可利用人防地下室作为地震、风灾的紧急避难场所和短期固定避难场所。在不需要增设额外设施和投资的情况下，充分挖掘居住区既有人防工程的防灾潜力，可以提高居住区应对地震、风灾等突发灾害的能力。尤其对于老旧居住区，发生建筑倒塌、破坏的风险更大，将其内部的人防地下空间作为地震、风灾时避难场所的作用更加突出。

值得注意的是，作为人防工程，地下空间出入口部应防建筑倒塌影响，出入口要么置于建筑倒塌范围之外，要么设置防倒塌棚架，保证出入口的安全，且必须保证至少有一处主出入口满足安全要求。

2. 新建居住区人防地下空间兼作避难场所规划

1）满足居住区疏散避难要求的地下空间开发利用指标

规划的居住区可将人防面积的刚性指标作为居住区开发利用地下空间的下限，即居住区人防及地下空间的开发利用指标至少大于法定要求。在基本假设情况下作进一步分析，探索居住区各类用地的地下空间开发规模。

（1）公共绿地地下空间开发利用。

以短期有效避难场所的面积来计算，考虑到周围建筑倒塌以及坡地、水面的影响，按照公共绿地面积的 40% 折算，有效避难场所面积为 36 000 m²。由此可知，若单独以开敞空间作为短期避难场所，按要求 2 m²/人，则面积缺口为 24 000 m²。如果适当开发有效避难绿地下的地下空间，以地下一层作为短期避难场所，开发量按占绿地的 30%①计算，可建造地下空间面积为 10 800 m²，但尚不能完全满足短期避难场所的面积要求。

（2）公共服务设施地下空间开发利用。

参考公共服务设施的地下空间开发案例，一般选取 20% 的地下化率，即按地面每开发五层、地下就开发一层的比例进行地下空间的开发利用。由《城市居住区规划设计规范》(GB 50180—93)

---

① 公共绿地中剔除水面、大型乔木、坡地，以及周边地区受倒塌建（构）筑物覆盖影响的地区，大约占公共绿地总面积的 40%，则剩下 60% 地区均适合开发地下空间。考虑一定的余量，与相关规定一致，此处取公共绿地面积的 30% 作为地下空间的开发规模。

(2016版)规定可知,居住社区公共服务设施的控制指标为建筑面积1 668～3 293 m²/千人,为便利居住区居民的公共服务,取其上限值3 293 m²/千人为公共服务设施的配置标准。居住社区公共服务设施的总面积为98 790 m²。按照地上∶地下＝5∶1,则地下空间开发量为19 758 m²。这个量不仅可以满足短期13 200 m²的固定避难的面积缺口,剩余空间还可作为医疗救护设施(1 500 m²,建筑面积),服务、管理救助设施(1 000 m²),救援专业队工程(2 000 m²)以及食物、物资存储设施(2 000 m²)。

（3）交通系统地下空间利用

地下交通包括地下道路、地下步行道、地下停车以及地下交通集散节点。结合居住区道路和小区道路设置地下快速道路系统,与居住区对外交通道路相连接,可成为灾时居住区重要的疏散干道和救援干道,与地面道路一起构成具有高冗余量、高通达性的对外交通系统。地下步行道将地下停车场、交通集散节点与地下疏散避难场所串联起来,组成连续的步行界面,补充地面组团道路容量不足。地下停车系统,通过地下连续的车行通道将地下停车场联系起来,并保障地下空间有多个不同方向的出入口,提高资源利用率,减少路边停车占用道路以及广场停车占用开敞空间,对于道路的通行能力、广场的集散功能至关重要。按照户均0.2辆①的小汽车保有量,80%的地下化水平,单位小汽车的地下空间建设面积为30 m²(含内部车行道、设备用房等),则共需地下停车库面积为48 000 m²,居住用地下开发50 000 m²的地下停车库。

（4）市政基础设施

线状的供水、供电、通信等管线和设施置于地下市政综合管廊内,可以较好地抵御地震的破坏。综合管廊沿道路一侧或两侧设置,置于道路结构层下和地下道路之上,也可与地下道路结构层同构。点状的市政基础设施,如变电站(所)、供水泵站、电信端局等应该实行100%的地下化,以减轻灾时的损坏。市政基础设施占用的地下空间由于十分有限(与其他类型相比),而且本来在地面规划中一般就规划建设于地面以下,因此,在地下空间开发量核算中暂不考虑市政基础设施的占有量。

综上,开发公共绿地、公共服务设施、住宅用地的地下空间,面积分别为1.0 hm²,2.0 hm²,5.0 hm²,总面积为8 hm²,与人防地下空间的开发量的下限8 hm²持平,可以满足居住区疏散避难的要求,见表4-21。可见,人防配建规模约束下,居住区各地块的地下空间如能合理开发利用,是可满足居住区疏散避难的要求的。

2）满足居住区疏散避难要求的地上地下空间一体化开发利用指标

与地上空间相比,地下空间的开发成本,在工程造价方面相对较高。为了保障经济性,本节研究地下空间开发利用总规模接近人防配建的规模要求,即开发利用地下空间应充分利用人防地下空间开发面积指标,满足政策法规的要求,目的是不额外增加建设成本,同时使用地面积指标满足《城市居住区规划设计标准》(GB 50180—2018)的基本规定,以此提高地下空间开发的实

① 上海市第四次综合交通调查报告显示,截至2010年上海市私人小汽车保有量为平均每5户拥有一辆,http://www.shucm.sh.cn/gb/jsjt2009/node706/node1482/userobject1ai94778.html。

用性与可实施性。

表 4-21   满足居住区疏散避难的地下空间规划要素与指标

用地类型	地下空间开发比例/%	地下空间主要功能	地下空间辅助功能
居住用地	15	地下停车	地下停车
公共服务设施用地	20	人员避难	应急物资储备
		应急医疗救护	
		救援专业队伍	
公共绿地用地	30	短期应急避难场所	物资储备
交通系统用地	5	地下车行道	—
		地下人行道	
市政设施用地	100	地下市政管线	地下市政场站

居住区地下空间的开发利用,以平时利用兼顾人防设防的要求进行建设,应按照如下优先度进行用地地下化率的指标控制:

首先,开发绿地广场地下空间,地下化率取 30% 为宜;以地下一层开发为主,用于应急疏散避难场所。市政基础设施的线路与场站完全地下化,地下化率为 100%。

其次,开发道路交通系统地下空间,形成完善的地下道路交通网络。道路用地地下化率为 5%,主干道路以地下两层开发为主,地下一层为管线及综合管廊,地下二层为地下道路,主要用于应急救援与疏散功能。

再次,开发公共服务设施地下空间,用于应急服务与物资储备,地下化率取 20% 为宜,一般以地下二层为主。

最后,开发居住建筑地下空间,地下化率为 15%,以地下一层为主,用于地下停车。

表 4-22 为满足居住区疏散避难要求和人防配建要求的居住区地上地下空间一体化规划要素指标:

(1) 地上空间指标参考《城市居住区规划设计标准》(GB 50180—2018)的推介值,取中间数值。依据各种用地功能的地下化率,可求得地下空间开发容量指标。表中实际指标为地上地下空间同时开发的容量。由于地下空间的开发利用,居住区用地面积变相增加了 16.75%。

(2) 地上地下空间一体化规划指标是将地上地下空间按照疏散避难要求进行统筹协调,按照公共绿地、道路用地、公建用地、居住用地等优先顺序重新分配的用地指标,并在设定的地下化率条件下的各功能用地的地上指标。在居住建筑用地指标不变的情况上,增大开敞空间与道路的用地指标,公共服务设施的用地面积可进一步缩小,且各项指标均在规范的取值范围内。居住区的疏散避难需求得到满足,而且地下空间的开发规模接近人防法规的限定规模,开发地下空间的经济性较好。

表 4-22　　　　　　　　　　居住社区地上地下一体化规划要素指标

要素	用地面积指标/%				地下化率/%
	地上指标[①]	地下指标	实际指标	一体化指标	
居住用地	50	7.5	57.5	45	15
道路用地	15	0.75	15.75	20	5
公共绿地	15	4.5	19.5	20	30
公建用地	20	4	24	15	20
基础设施	—	—	—	—	100
合计	100	18.25	116.75	100	16

① 参考《城市居住区规划设计标准》(GB 50180—2018)取值。

4.6　小结

　　人防地下空间与非人防地下空间在"战平结合"和"平战结合"的要求下不断融合,常遇到的核 6 级、核 6B 级人防工程具有抗 8 度地震和 F3 级龙卷风的安全性能,在 7 度抗震设防地区可作为灾时避难场所。兼顾设防要求下的地铁和普通地下室,按照 7 度抗震烈度要求设计可达到人防地下室核 6B 级的标准和抵抗 F3 级龙卷风的要求。出入口部选址和防倒塌棚架设计是影响非人防地下空间防灾安全性的重要因素。

　　大城市中广泛分布的居住区人防地下室、完善的地铁线路和地铁车站及周边地区普通地下室相互连通组成了"点一线一面"格局的地下空间防灾体系,可作为城市防空、抗震和防风应对的防护单元和疏散避难体系,并纳入城市地面疏散避难体系构建中,地上地下协调的疏散避难场所规划可提高避难安全性和避难效率。

　　居住区人防地下室可作为应对 7 度地震设防烈度、龙卷风等突发灾害紧急避难场所和短期固定避难场所。居住区人防及地下空间的开发利用,在满足人防法规中人防配建指标刚性约束的条件下,多功能开发利用,可满足灾时避难要求,提高居住区应急避难能力。

5 城市地下空间协同防涝的规划策略

由于地下空间的自然特性,极易受到地面淹水的影响而产生内涝,尤其是供人疏散避难的地下空间,一旦受淹,后果严重。因此,在地下空间开发利用过程中,如何避免受到涝灾的影响是非常值得关注的问题。特别是对于上海这种类型的城市,地下空间开发规模大,增加了城市对水灾内涝的脆弱性,也对城市应对内涝水灾提出了更高的要求。但与此同时,地下空间也具有容纳洪水内涝的滞洪纳洪特性。在封闭地下空间中营造工程设施滞蓄容纳洪水,能快速排除地面内涝积水。因此,地下空间的开发利用,一方面增加了城市内涝的风险,另一方面,利用地下空间亦可消除城市内涝灾害。地下空间对内涝水灾的双重特性使地下空间利用与内涝成灾的关系十分复杂。

通常情况下,城市内涝水灾主要通过市政管网系统排除。但是由于内涝的地域性特征,尤其是滨海滨河地区,地下水位埋深浅,暴雨过程形成大量地面径流无法通过传统方法防治,可发掘地下空间容纳洪水的特质进一步开发利用。

本章将以上海市中心城区为例,分析地下空间受到的内涝灾害、地下空间开发利用对内涝成灾的影响,以及为什么利用地下空间防内涝和如何利用等问题。

5.1 城市内涝情势分析

以上海市中心城区为例,利用内涝的成灾理论具体分析城市内涝的形势,研究众多排水分区的特征,将其概化为具有典型性和一般性的排水分区,以使本研究具有普遍性。

5.1.1 降雨特征与趋势

《上海市区域除涝能力调查评估专项报告》统计分析了上海市 1981—2010 年共 30 年的气象站资料,结果显示,上海市平均每年遇到暴雨频次东部多于西部,市区最多,浦东次之,青浦、嘉定、崇明最少。一方面是由于台风暴雨较多;另一方面受城市热岛效应、雨岛效应的影响,相同天气和水汽条件下城市中心区下垫面向近地层输送热量较为强烈,易加强近地层的对流运动,形成暴雨。同时,气候变化的影响造成上海市气温升高、降水量小幅增加、极端降水频次增加、台风频次增加、降水强度增强、海平面上升等。

以下从降雨强度、降雨历时和降雨雨型三方面分析上海市中心城区的降雨特征与趋势。

1. 降雨强度

降雨强度是指单位时间单位面积上的降水高度,是划分降雨类型的重要指标。如《上海市防汛手册》规定将 24 h 降雨量超过 200 mm 的降水称为特大暴雨。在城市防内涝对策中,预测暴雨强度公式是制定防洪设施建设标准的重要依据。一般通过对降雨事件历史数据的观测、收集,按照一定的概率统计分析方法,如皮尔逊Ⅲ型分布曲线,以年最大值法或年多个样法构建设计暴雨强度公式。按照目前我国《室外排水设计规范》(GB 50014—2006)的要求,明确在具有20 年以上自记雨量记录的地区,有条件的地区可用 30 年以上的雨量系列,选样方法采用年最大值法。上海市已积累了 64 年的雨量系统资料,客观反映了当前的气候变化规律,因此采用年最大值法对原暴雨强度公式进行修编。

上海现行暴雨强度公式:

$$q = \frac{5\ 544(P^{0.3} - 0.42)}{(t + 10 + 7\lg P)^{0.82 + 0.07\lg P}} \tag{5-1}$$

修编公式:

$$q = \frac{1\ 600(1 + 0.846\lg P)}{(t + 7.0)^{0.656}} \tag{5-2}$$

式中　q——设计暴雨强度[L/(s·hm²)];

　　　P——设计暴雨重现期(a);

　　　t——设计降雨历时(min)。

暴雨强度公式应用于城市排水设计最终反映在设计雨量或强度上,为此根据修编公式的计算得到的 1 h 降雨量与现行公式进行对比,以反映城区降雨的现状,结果见图 5-1 及表 5-1。同时为了对比分析,也将根据年多个样法编制的暴雨强度公式的结果进行了对比。

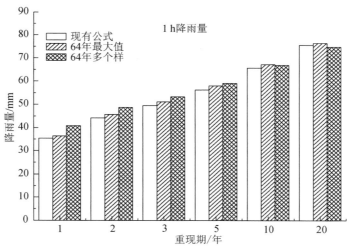

图 5-1　修编公式与现行公式的 1 h 设计降雨量比较

来源:《上海市区域除涝能力调查评估专项报告》。

表 5-1　　　　　　　　修编公式与现行公式的 1 h 设计降雨量比较　　　　　　　（单位:mm）

重现期	现行公式	64 年最大值	64 年多个样
1 年	35.5	36.5	40.9
2 年	44.2	45.7	48.7
3 年	49.5	51.2	53.3
5 年	56.2	58.0	59.1
10 年	65.7	67.3	67.0
20 年	75.7	76.6	74.9

来源:《上海市区域除涝能力调查评估专项报告》。

从图 5-1 和表 5-1 中可以看出,重现期为 1~20 年范围内的修编公式计算的 1 h 设计降雨量比现行公式的计算值分别偏大 1.0 mm,1.5 mm,1.7 mm,1.8 mm,1.6 mm 及 0.9 mm,增加幅度分别为 2.8%,3.4%,3.4%,3.2%,2.4% 及 1.2%。

上海年均降雨量以 50.9 mm/10 a 的速率递增,降雨天数以 3 d/10 a 的速率递减,灾害性降雨多为暴雨和短历时强降雨,年均暴雨天数为 3 d,但雨量占全年雨量的 1/5。因气候变暖和城市热岛效应,上海地区近年来暴雨有逐渐向强、局部、短时间方向变化。因此,按照修编的暴雨强度公式,可以较好地适应目前上海市降雨强度增加的趋势。但从长远看,降雨强度增加幅度仍有很大的不确定性。

2. 降雨历时

研究表明,上海市降雨历时出现明显两级分化的特征:一方面暴雨强降雨历时短、峰值大,另一方面台风携带降雨历时长、强度大。参考《上海市短历时暴雨强度公式修编与设计雨型研究》的初步成果,上海 1980—2013 年的 129 场暴雨样本中,最大的特大暴雨发生于 2001 年 8 月 5 日,该降雨总历时 26 h,总雨量 288.6 mm,其中最大 24 h 降雨量为 286.8 mm,在 24 h 降雨历时内,雨量主要集中于降雨的前半段,见图 5-2。暴雨雨峰位于第 13 h,最大小时雨量达到 50 mm,接近 3 年一遇的标准;最大 2 h 降雨量为 78.2 mm;最大 3 h 降雨量为 119 mm。可见,同一场降雨,降雨历时的取值越短,最大雨量越大。上海市城市排水系统设计中用于估计雨量的降雨历时通常考虑 0.5 h,1 h 及 1.5 h。

3. 降雨雨型

降雨量时程分布,即降雨雨型,是表示一场降雨历时的降雨强度分布情况。常用的降雨量时程分布(即雨型)有:均匀雨型、Keifer & Chu 雨型(芝加哥雨型)、SCS 雨型、Huff 雨型、Pilgrim & Cordery 雨型、Yen & Chow 雨型(三角形雨型)等。不同的雨型,对设计暴雨量影响较大,会引起较大误差。如比较均匀雨型和芝加哥雨型,同一历时的相同降雨量,由于雨型的不同,造成的降雨强度显著不同,芝加哥雨型下的最大降雨强度为 14 mm/5 min,均匀雨型下的最大降雨强度为 4.9 mm/5 min,如图 5-3 所示,从而根据降雨强度规划建设的排水设施设计值也不同。根据宁静(2006)的研究,120 min 1 年一遇和 3 年一遇均匀雨型计算下的暴雨洪峰径流量较芝加哥雨

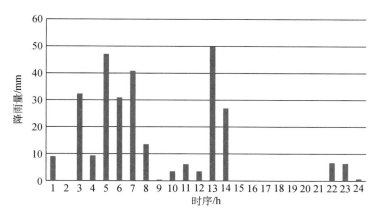

图 5-2　2001 年 8 月 5 日暴雨最大 24 h 实测降雨过程

来源:《上海市短历时暴雨强度公式修编与设计雨型研究》。

型分别偏小 43% 和 47%,可见如果忽略雨型变化的影响,以均匀雨型作为洪峰径流量的计算前提,其结果比实际情况偏小,多余的洪水将造成安全隐患。目前,上海市的降雨雨型以芝加哥雨型为主,但是一些强降雨引起的严重内涝事件雨型变化较多,如图 5-2 所示,2001 年 8 月 5 日特大暴雨 24 h 历时具有两个雨峰,具有较大的不确定性。

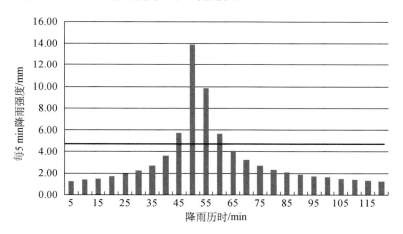

图 5-3　5 年一遇芝加哥雨型(T = 120 min, r = 0.405)和均匀雨型(T = 120 min, r = 1)

全球气候变化和局地小气候(热岛雨岛效应)叠加影响,推测上海市中心城区在可以预见的将来其雨发展趋势为:短期降雨强度增加、长历时降雨频次增加以及雨型紊乱。但是由于环境变化和人类活动影响的不确定性,降雨发展趋势仍无法定量化。通常的应对办法是以历史数据统计分析进行未来一定概率下的确定性预测,如暴雨强度公式、芝加哥雨型等。因此,以确定性的经验公式应对未来的不确定性问题,存在一定的风险,尤其是降雨特征的发展趋势向不利于城市防灾的方向发展,如何提高未来降雨趋势预测的可靠度? 合理的城市排水分区是措施之一。

5.1.2 典型排水分区产汇流分析

将上海市中心城区各排水分区的特征做总结、平均,可以得到具有普适性的上海市中心城区排水分区产汇流特征。

1. 中心城区下垫面特征

下垫面特征包含透水面(水面、绿地)、不透水面、地形高程、地下水、土质等方面。

1) 水面

水面包括河道、湖泊、水田等,可容纳降水并滞蓄洪水。城市中雨水排放系统通常通过自排(重力流)或者强排(排水泵站)将雨水就近排入河道。河道是城市大排水系统的重要组成部分,是城市行洪的主要容纳载体。上海市境内地势低平,河网发达,为典型的平原感潮河网地区,属太湖和长江流域,但河道疏密不均,郊县河网密布。中心城经多次填浜筑路,河网密度较低,苏州河以南的老市区河网密度几乎为零。如图5-4所示,黄浦江吴淞口最高水位5.99 m,黄浦江太湖口部最高水位5.08 m,黄浦江平均水位3.5～2.5 m,苏州河水位高出地面1 m多,这对雨水的排放限制较大。

2) 绿地

绿地是容纳雨水、吸收下渗的主要场所,是雨水下渗补充地下水、完成自然界水循环的重要环节。下沉绿地、植草沟、雨水湿地等绿化系统是自然积存、自然渗透、自然净化功能的海绵城市的重要内容。上海已形成环形绿化、楔形绿化、防护绿廊、公园绿化组成的绿化总体格局。但是中心城区由于建设集中、建筑密度大强度高,绿地较少,如图5-5所示,中心城区雨水的自然渗透受到影响,相对产生的地表径流较多。

3) 不透水面

城市不透水面包括屋面、道路、广场等硬质下垫面,对地表径流量影响显著。不透水面积比例越大,城市地表径流系数越高,更多的雨水形成了地表径流,是城市形成雨水内涝的重要原因。

综上所述,根据《上海市区域除涝能力调查评估专项报告》对上海全市14个水利分片下垫面组成情况的统计分析,如图5-6所示,根据地面透水特性,将地面类型分为水面、水田、鱼塘、绿地/耕地、不透水面等五大类,分析结果如表5-2所列。

由表5-2可知,上海市中心城区的蕴南片、淀北片、淀南片等区域,下垫面组成中屋面、路面、广场等组成的不透水面积较大,均达到50%以上,水面积占比较小,一般在5%以下,基本没有鱼塘、水田。这类区域由于河湖调蓄能力较低,不透水下垫面占比较大,其降雨径流的产流历时短、径流量大,防汛压力较大。

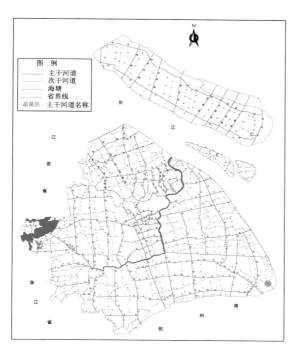

图 5-4　上海市骨干河道布局图

来源：上海水务规划院，2015。

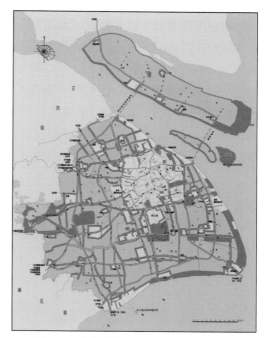

图 5-5　上海市绿地系统规划图（2020）

来源：上海城市规划院，2015。

表 5-2　　　　　　　　　　　　　　　　　上海市各水利分片下垫面组成表

序号	水利片	面积 /km²	不透水面 /%	鱼塘 /%	河湖水面 /%	水田 /%	绿地、耕地 /%
1	嘉宝北片	698.77	49.35	1.33	7.01	4.23	38.07
2	蕰南片	173.37	68.05	0.00	2.29	0.00	29.66
3	淀北片	179.28	62.96	0.00	2.96	0.24	33.84
4	淀南片	186.75	53.45	0.07	4.06	1.06	41.36
5	浦东片	1976.6	37.60	3.34	8.64	9.34	41.08
6	青松片	758.23	33.27	3.06	8.58	9.62	45.48
7	浦南东片	479	28.57	3.05	6.04	11.39	50.95
8	浦南西片	293.06	25.15	4.75	5.62	11.42	53.06
9	太南片	99.96	18.59	12.64	6.62	13.80	48.35
10	太北片	85.05	11.91	18.93	17.79	6.11	45.27
11	商榻片	32.42	19.29	17.02	14.56	7.25	41.87
12	崇明岛片	1070	12.06	4.44	6.38	17.07	60.06
13	长兴岛片	76.87	34.83	1.96	3.81	3.16	56.24
14	横沙岛片	49.26	14.57	15.33	5.48	6.95	57.67

来源：上海水务规划院，2015。

4) 地形高程

地面高程对降水地表径流的流向、流速有较大的影响。地面相对高程越低,周边地势较高地区的地表径流容易流入、汇聚,成为内涝点。如图 5-7 所示,上海境内除西南部有天马山(海拔99.83 m,为上海陆上最高点)、佘山等少数不足百米高的小山丘外,整个大陆部分和三个岛屿地势均低平坦荡、起伏变化和缓,市域平均高程 4 m(上海吴淞高程基准面,下同)左右;海域有大金山(海拔 103.4 m,为境内最高点)、小金山、乌龟山等石质小岛;陆地地势总体呈现由东向西低微倾斜,以西部淀山湖一带的淀泖洼地为最低,高程仅 2~3 m;中心城区也有地势较低的区域,高程仅 2.5~3.0 m,容易成为内涝积水点。

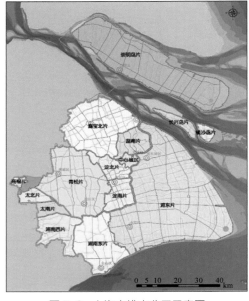

图 5-6　上海市排水分区示意图

来源:上海水务规划院,2015。

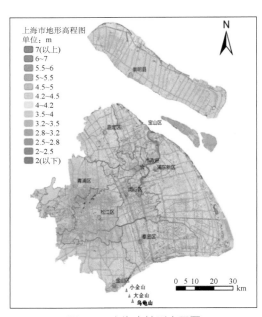

图 5-7　上海市地形高程图

来源:上海水务规划院,2015。

5) 地下水

根据上海市《岩土工程勘察规范》(DGJ 08—37—2012),上海地区与工程相关的地下水主要为第四系地层中的潜水、微承压水和承压水。潜水赋存于浅部地层中,潜水水位埋深一般为0.3~1.5 m,水位受降雨、潮汐、地表水及地面蒸发的影响有所变化,年平均水位埋深一般为0.5~0.7 m;当大面积填土时,潜水位会随着地面标高的升高而上升。近年来由于地下水回灌,潜水位逐年升高。微承压水水位埋深 3~11 m,承压水水位埋深 3~12 m。受降雨影响的地下水主要为潜水。

6) 土质构成

依据上海市《岩土工程勘察规范》(DGJ 08—37—2012),参考上海市民防地基勘察院有限公司所作徐汇区长兴科技二期厂房岩土工程勘察报告,上海中心城区所处地区属于滨海平原地基土层,自上而下依次为填土、褐黄色黏土、灰色淤泥质粉质黏土、灰色淤泥质黏土、灰色黏性土、暗绿色黏性土和粉性土。填土层一般厚度达到 0.5～3.0 m,分为杂填土:由建筑垃圾、工业废料、生活垃圾等杂物组成的填土;素填土:由黏性土、粉性土、砂土等组成的填土;冲填土:由水力充填泥沙组成的填土,俗称"吹填土"。由于人工填土构成复杂,且未经过地质过程,处于松散状态。土壤颗粒孔隙较大,易于形成重力水,渗透系数相对较大。同时,杂填土中各种大块状垃圾填充物的存在,形成了较大的储渗层,可储存大量雨水,整个土壤入渗层没有水分限制层,因此这类土壤入渗速率较大。素填土和冲填土由于填土构成的不同,总体上土壤颗粒越小渗透率越小。刘兰岚(2007)的模型试验,对于上海中等含水量的土壤,一般历时 7 min 渗透达到 40 cm 深度,则初始渗透系数为 0.95 mm/s。1 年一遇的降雨强度历时 39 min 土壤达到饱和,其平衡渗透率大致为 0.17 mm/s;3 年一遇的降雨强度历时 32 min 达到饱和,其平衡渗透率大致为 0.21 mm/s;5 年一遇的降雨强度历时 18 min 达到饱和,其平衡渗透率大致为 0.37 mm/s。稳定渗透率随着降雨强度增大而增大。

2. 典型排水分区特征概化

根据上海市中心城区的特征,不失一般性,抽象总结典型排水分区的重要参数取值。

1)排水分区面积

参考《上海市排水防涝设施规划》和表 5-3,上海市中心城区的排水片区面积,最大的为肇家浜排水系统,服务面积 7.56 km²,最小的为先锋电机厂排水系统,服务面积 0.24 km²,排水片区面积介于 2～4 km²,占总数的 60%,平均排水系统的服务面积为 3.12 km²。本书中取排水分区面积 3 km²。

2)下垫面构成

参考表 5-3,上海市中心城区排水片区下垫面的构成,中心城区河面率不足 2.5%,因此概化中将水面率设定为 0。经过统计分析,取样本的平均值,上海市典型排水分区的下垫面面积构成如下:市政道路积占比 0.15,屋面面积占比 0.27,绿地面积占比 0.27,小区内部道路面积占比 0.31。以渗透面和不可渗透面划分,不可渗透面面积占 0.73,可渗透面面积占 0.27。

3)地下水位

上海市平均地下潜水水位较高,介于 0.3～1.5 m。本研究中取地下水位为地表面以下 0.5 m。

4)绿化地表面下土壤构成

根据聂发辉(2008)试验取样,上海市中心城区地下水潜水面以上、绿地地表面以下的土壤构成由地表向地下为:表层改良土、自然土和填土。表层改良土主要为砂质黏壤土和黏壤土,添加一定的有机质改良材料,较自然土的渗透性高,但是却低于填土的渗透性。依据产流一般原理"界面产流理论",表层改良土一定程度上限制了下层人工填土渗透性的发挥。整体上绿地土壤以表层改良土的渗透参与降雨产流过程。根据聂发辉(2008)的试验,上海绿地的稳定渗透率取 0.03 mm/s。

5）土壤含水量

上海地处湿润区，年平均降雨量 1 191 mm，降雨量多且频繁，空气湿度大，降雨量大于蒸发量，加之地下水位较高，导致浅层土壤的初始含水量 W_0 比较大。由于研究潜水面以上表层土壤的初始含水量，其受到前雨、蒸发、气温等的影响，变化幅度较大。改良的砂质黏壤土和黏壤土，其颗粒的比表面积并未发生改变，土壤颗粒吸水的能力与自然土相同，故其田间持水量 W_f 与自然土体相当，大于人工填土的田间持水量。改良的砂质黏壤土和黏壤土孔隙率和孔隙大小较自然土体大，却小于人工杂填土，因此表层土壤饱和含水量大于自然土体，小于人工填土。

6）坡度、地面流线、粗糙度

由于上海市中心城区地面平坦，研究中取地面坡度为 0.3%，粗糙度取 0.015，典型排水分区面积为 3 km² 条件下，地面流线距离的极大值中的最小值为圆形对应的直径，约为 1.9 km。考虑到城市排水分区形状一般为具有一定长宽比的不规则矩形，本研究取最大地面流线为 2.5 km。

表 5-3 上海市排水系统综合径流系数模型验算结果

系统名称	下垫面面积/hm²					综合径流系数		
	合计	市政道路	屋面	绿地	小区内部路面	实际验算值	设计值	对比相差百分比/%
宛平	229.87	20.83	69	62.71	77.33	0.68	0.60	13.85
鲁班	347.28	43.96	121.19	91	91.13	0.70	0.80	−12.91
肇嘉浜	756.36	82.03	264.48	202.3	207.55	0.69	0.67	3.15
昌平	361.88	47.42	122.53	94.34	97.59	0.70	0.70	−0.35
小木桥	297.6	27.14	97.72	81.14	91.6	0.68	0.60	14.12
蒲汇塘	250.5	33.31	76.92	65.16	75.11	0.70	0.70	−0.49
成都	319.13	55.3	109.73	79.15	74.94	0.71	0.80	−11.14
江苏	209.57	22.51	70.54	56.12	60.4	0.69	0.50	38.03
凯旋	340.07	18.1	109.14	96.59	116.24	0.67	0.70	−3.92
华东理工	88.64	1.63	22.7	26.11	38.21	0.66	0.60	9.75
梅陇	200.95	20.39	48.09	54.17	78.31	0.68	0.60	13.90
植物园	81.8	0.89	8.67	56.64	15.61	0.65	0.60	8.11
罗秀	153.71	9.99	40.74	43.12	59.87	0.67	0.60	12.23
长桥	277.97	20.29	68.88	77.31	111.51	0.68	0.60	12.50
陇南	177.23	16.48	34.96	48.23	77.56	0.68	0.60	13.11
陇西	135.92	19.76	32.67	34.85	48.64	0.70	0.60	16.18
中华新	24.59	6.97	9.11	5.29	3.22	0.75	0.60	24.40
中潭	37.34	6.03	5.16	9.39	16.76	0.70	0.60	16.15
云岭西	314.54	51.42	51.7	78.93	132.48	0.70	0.60	16.48

系统名称	下垫面面积/hm²					综合径流系数		
	合计	市政道路	屋面	绿地	小区内部路面	实际验算值	设计值	对比相差百分比/%
交通西	340.72	59.29	73.83	84.43	123.17	0.70	0.60	17.46
先锋电机厂	24.57	4	5.97	6.17	8.43	0.70	0.60	17.10
华昌	124.19	30.4	52.22	28.14	13.44	0.74	0.70	5.27
和田	170.05	43.39	56.11	38	32.56	0.74	0.60	22.60
大宁—灵石	87.81	13.24	10.3	22.37	41.89	0.69	0.60	15.44
广中	233.42	49.84	65.56	55.07	62.95	0.72	0.60	20.04
新师大	208.39	20.79	37.66	56.28	93.66	0.68	0.60	13.33
普善	232.55	53.33	82.23	53.77	43.22	0.73	0.70	4.11
曹丰	328.99	57.73	64.64	81.38	125.24	0.70	0.60	17.37
曹阳	122.71	21.56	40.76	30.34	30.05	0.71	0.60	18.51
木渎	194.37	21.25	25.18	51.94	96.01	0.68	0.60	13.39
桃浦工业区	401.69	65.99	149.99	100.71	84.99	0.71	0.60	18.27
桃浦新村	182.07	0.93	36.93	54.34	89.88	0.65	0.60	8.62
武进	89.89	22.15	34.31	20.32	13.11	0.74	0.60	22.58
民晏	162.68	29.62	47.86	39.92	45.28	0.71	0.50	42.23
汶水	38.97	16.08	7.22	6.87	8.8	0.78	0.60	29.53
沪太	83.32	14.58	32.72	20.62	15.4	0.71	0.80	−10.76
溧阳	247.3	43.42	115.1	61.17	27.62	0.72	0.60	19.62
灵石	121.54	20.05	46.93	30.45	24.11	0.71	0.60	18.41
真光	343.9	49.68	71.09	88.27	134.87	0.70	0.60	15.85
真南	282.19	44.61	83.95	71.28	82.36	0.70	0.60	17.31
真如	363.6	68.7	78.01	88.47	128.42	0.71	0.60	18.22
真江	557.47	112.39	90.34	133.53	221.22	0.71	0.60	18.43
苗圃西	141.12	27.37	8.75	34.13	70.87	0.70	0.60	17.21

来源：上海水务规划院，2015。

3. 典型排水分区产汇流分析

1 h 降雨历时，1年一遇、3年一遇、5年一遇、10年一遇、20年一遇的5个降雨强度，计算典型排水分区在特征概化取值下的产汇流量。运用初损后损 SCS 法和径流系数法分别计算产流，运用等流时线概念计算坡面汇流。

1）初损后损 SCS 方法

根据上海中心城区可渗透面绿地的土壤构成，认为 SCS 水文土壤组主要属于 C 类，见表

5-4。上海地处湿润地区,年平均降雨日约 132 天,平均 2.7 天一次降雨,因此选择前期土壤湿度条件等级为 AMCⅢ,见表 5-5。参考刘兰岚(2007)的研究,综合上海市水文土壤组和下垫面土地利用类型,道路交通、屋面、绿地的 CN 值分别为 99,97,88。刘兰岚(2007)对 SCS 方法对上海的适用性进行研究,并对模型中的参数 I(地表径流开始前的初损)进行修正率定,见表 5-6。通过修正后的 SCS 方法对上海市产流的计算,模型的整体合格率达到 71.43%,率定后的初损具有一定的代表性。本研究取 AMCⅢ对应下的初损值。根据公式运用 SCS 方法计算不同降雨强度下典型用地类型的地面径流产流量,见表 5-7。典型排水分区在不同降雨强度下的 1 h 地面产流总量为各种用地类型地面径流产流量的面积加权和,见表 5-7。

表 5-4　　　　　　　　　　　　SCS 水文土壤组的划分标准

SCS 水文土壤组	土壤性质	最小渗透率/(mm · h⁻¹)
A	厚层沙,厚层黄土,团粒化粉沙土	$7.26\sim11.43$
B	薄层黄土,沙壤土	$3.81\sim7.26$
C	黏壤土,薄层沙壤土,有机质含量低或黏质含量高的土壤	$1.27\sim3.81$
D	吸水后显著膨胀的土壤,塑性的黏土,某些盐渍土	$0\sim1.27$

来源:周玉文,赵洪宾(2000)。

表 5-5　　　　　　　　　　　　前期土壤湿度条件等级的划分标准

前期土壤湿度条件		前 5 天降雨总量/mm	
		越冬季节	生长季节
AMCⅠ	土壤干旱,但未达到植物萎蔫点,有良好的耕作及耕种	<12.7	>35.56
AMCⅡ	暴雨前 5 天内有大雨或小雨和低温出现,土壤水分几乎饱和	$12.7\sim27.94$	$35.56\sim53.34$
AMCⅢ	洪泛时的平均情况,即流域洪水出现前的土壤水分平均状况	>27.94	>53.34

来源:周玉文,赵洪宾(2000)。

表 5-6　　　　　　　　　　　　不同 AMC 等级下的初损 I 的取值

雨型	雨量 H/mm	AMCⅠ $I=0.03S_s$	AMCⅡ $I=0.08S_s$	AMCⅢ $I=0.2S_s$
小雨	<15	$I=0.08H$	$I=0.06H$	$I=0.06H$
中雨	$15\sim20$	$I=0.06H$	$I=0.05H$	$I0.05H$
	$20\sim25$	$I=0.05H$	$I=0.04H$	$I=0.04H$
大雨	$25\sim30$	$I=0.05H$	$I=0.04H$	$I=0.04H$
	$30\sim40$	$I=0.04H$	$I=0.03H$	$I=0.03H$
	$40\sim50$	$I=0.03H$	$I=0.02H$	$I=0.02H$

（续表）

雨型	雨量 H /mm	AMC I $I = 0.03S_s$	AMC II $I = 0.08S_s$	AMC III $I = 0.2S_s$
暴雨	50~80	$I=0.02H$	$I=0.15H$	$I=0.15H$
	>80	$I=0.15H$	$I=0.01H$	$I=0.01H$

注：S_s 为饱和蓄水量。
来源：周玉文，赵洪宾（2000）。

表 5-7　　　　不同雨强下的典型下垫面类型 1 h 地面径流产流计算表 1　　　（单位：mm）

下垫面 类型	CN 值	饱和蓄水量 S_s	雨量 H				
			1 年一遇 (36.5)	3 年一遇 (45.7)	5 年一遇 (51.2)	10 年一遇 (58.0)	20 年一遇 (67.3)
			初损 $I(I = 0.2S_s)$				
			$I=0.03H=1.1$	$I=0.02H=0.9$	$I=0.15H=7.7$	$I=0.15H=8.7$	$I=0.15H=10$
道路交通	99	2.57	33.0 (33.6)	42.4 (42.8)	41.1 (48.2)	46.9 (55.0)	54.8 (64.3)
屋面	97	7.86	29.0 (28.5)	38.1 (37.5)	36.8 (42.8)	42.5 (49.5)	50.4 (58.7)
绿地	88	34.64	17.9 (13.6)	25.3 (20.5)	24.2 (24.8)	29.0 (30.4)	35.7 (38.4)
综合			27.8 (26.8)	36.6 (35.3)	35.4 (40.4)	40.9 (46.9)	48.4 (55.8)

注：表中括号计算的数值是按照 $I = 0.2S_s$ 计算的结果，下同。

2）径流系数法

根据经验表 5-3，道路交通、屋面、绿地三种下垫面类型的径流系数分别取为 0.9，0.85，0.2，则采用面积加权法的典型排水分区综合径流系数为：$0.9×0.46+0.85×0.27+0.2×0.27=0.7$，与表 5-3 中综合径流系数的实际验算值的均值相比较，二者基本吻合。因此取典型排水分区的综合径流系数为 0.7，可计算在不同降雨强度下 1 h 地面径流产流量，见表 5-8。

表 5-8　　　　不同雨强下的典型下垫面类型 1 h 地面径流产流计算表 2　　　（单位：mm）

雨量	1 年一遇(36.5)	3 年一遇(45.7)	5 年一遇(51.2)	10 年一遇(58.0)	20 年一遇(67.3)
径流量	25.6	32.0	35.8	40.6	47.1

综合以上两种方法，初损后损法得到的综合用地下的径流量值，反推综合径流系数，如表 5-9 所示。随着雨强的增大，综合径流系数明显增大，与岑国平等（1997）、王永磊等（2012）的研究结论一致，且与前文理论分析相吻合。经刘兰岚（2007）率定过的适合上海产汇流的 SCS 初损系数计算结果与综合径流法的计算结果比较接近（比较表 5-8 和表 5-9），且对于大雨强，如 5 年一遇、10 年一遇和 20 年一遇的降雨，两种方法的结果接近程度更高。SCS 方法比较不适合

于小雨强,如 1 年一遇,反算综合径流系数达到 0.76,而在理论上该值不应该大于雨强更大的降雨下的径流系数。这一研究结论与对 SCS 方法的认识也是一致的。因此,用 SCS 方法适合计算湿润地区大雨强下的降雨径流损失,而综合径流系数法可以计算各种雨强下的径流量,但是却不能反映径流系数的影响因素下的变化。

表 5-9　　　　　　　　　　　　SCS 法反推典型排水分区的综合径流系数

雨量/mm	1 年一遇(36.5)	3 年一遇(45.7)	5 年一遇(51.2)	10 年一遇(58.0)	20 年一遇(67.3)
综合径流量/mm	27.8 (26.8)	36.6 (35.3)	35.4 (40.4)	40.9 (46.9)	48.4 (55.8)
综合径流系数	0.76 (0.73)	0.80 (0.77)	0.69 (0.79)	0.70 (0.81)	0.72 (0.83)

3) 坡面汇流计算

计算地面坡面汇流时间根据公式 $t_0 = L^{0.6}n^{0.6}/i_c^{0.4}i^{0.3}$,典型排水分区各因素取值:$L = 2\,500\,\text{m}$,$n = 0.015$,$i = 0.03$,$i_c$ 取值见表 5-10。代入公式计算 1 h 最大地面坡面汇流时间,见表 5-10。不同雨强下的坡面汇流时间均小于降雨历时(1 h)。因此整个集水区范围内所有用地全部产流,坡面汇流的最长时间即是排水分区最大洪峰出现的时间。

典型排水分区的最大洪峰流量可根据 Mulvany 公式计算:$Q_m = CIA$。各因素取值:$C = 0.7$,$A = 3\,\text{km}^2$,I 为产流时间内的平均暴雨强度,假设 1 h 降雨为均匀雨强。计算结果见表 5-11。根据 SCS 方法计算的典型排水分区内各类用地的降雨产流量,可直接计算最大洪峰流量,见表 5-11。可见,利用等流时线概念,在大雨强下径流系数法推算的洪峰流量与 SCS 法计算的洪峰流量基本无差别,但是在小雨强时 SCS 方法计算的洪峰流量明显偏大。因此下文的分析中以综合径流系数计算的洪峰流量为参数。

表 5-10　　　　　　　　　　不同雨强下典型排水分区坡面汇流时间计算表

雨量/mm	1 年一遇(36.5)	3 年一遇(45.7)	5 年一遇(51.2)	10 年一遇(58.0)	20 年一遇(67.3)
净雨量/mm	27.8 (26.8)	36.6 (35.3)	35.4 (40.4)	40.9 (46.9)	48.4 (55.8)
坡面汇流时间/min	46 (47)	41 (42)	42 (40)	40 (37)	37 (35)

表 5-11　　　　　　　　　　不同雨强下典型排水分区最大洪峰流量计算表

雨量/mm	1 年一遇(36.5)	3 年一遇(45.7)	5 年一遇(51.2)	10 年一遇(58.0)	20 年一遇(67.3)
综合径流系数	0.7	0.7	0.7	0.7	0.7
最大洪峰流量/(m³·s⁻¹)	21.3	26.7	30.0	33.8	39.2

雨量/mm	1 年一遇(36.5)	3 年一遇(45.7)	5 年一遇(51.2)	10 年一遇(58.0)	20 年一遇(67.3)
SCS 方法计算下的最大洪峰流量/(m³·s⁻¹)	23.2	30.5	29.5	34.1	40.3

5.1.3 典型排水分区内涝分析

1. 中心城区排涝现状

上海目前防城市内涝水灾主要依靠市政雨水排水管网系统,90%地区(51 个排水分区)已建成 1 年一遇的雨水排放系统,10%地区(3 个排水分区),如黄浦区外滩、南京路、人民广场地区,浦东陆家嘴地区、世博园地区、虹桥枢纽等重点地段的雨水排放系统达到 3～5 年一遇的水平。全市 14 个水利分片区域除涝能力总体达到 10～15 年一遇。中心城区水面率仅为 2.5%,不透水面积占比达到 60%以上,且地势低平,靠市政管网收集、强排为主,自排为辅。

上海市中心城区已建成相对完善的排水设施,系统覆盖率(已建排水系统总面积占规划排水系统总面积的百分比)约 83.5%。其中已建强排系统共有 225 个,强排系统覆盖率为 88.2%。已建自排地区共有 35 个自排系统覆盖率为 65.1%。管网达标率(已建达标管道总长占已建管道总长的百分比):已建管道总长 3 456 km,达标管道总长 2 936 km,管网普及率 76.6%;管网达标率 85.0%。已建泵排流量 2 920 m³/s,泵站达标率(满足设计标准的雨水泵站排水能力与全市泵站总排水能力的比值)为 75.9%。

2. 典型排水分区排涝设施特征概化

1) 排水管网设施布置

上海市中心城区典型排水分区内排水管网与污水管网合流设置,并于总管末端采用泵站强排入附近河流。整个排水管网为重力流。总管沿市政主干道敷设,支管和街坊管分别沿着城市次干道、支路敷设。总管末端的泵站位于河流水体的附近,但并不与排水分区自然地形最低点重合。

2) 排水管网最远端的长度

在坡面汇流中,将坡面汇流最远端的长度取为 2.5 km,考虑排水管网沿道路设置,道路具有一定的曲折率,研究中取排水管网最远端的长度为 3.0 km。

3) 排水管网的材质与雨水流速

上海雨污河流管一般为混凝土管道,根据《水污染控制工程》,取雨水在管渠内最大流速为 4 m/s。

3. 典型排水分区内涝分析

1) 排水管网汇流计算

根据邓柏旺(2013)市政系统雨水流量公式:

$$Q = q\psi F_{\mathrm{h}} = \frac{167A_1 + (1 + \lg P)}{(t + b)^n}\psi F_{\mathrm{h}} \tag{5-3}$$

$$t = t_1 + mt_2 = t_1 + m\sum_{i=1}^{l}\frac{L_i}{60v_i} \tag{5-4}$$

采用上海现行暴雨强度公式：

$$q = \frac{5\,544(P^{0.3} - 0.42)}{(t + 10 + 7\lg P)^{0.82 + 0.07\lg P}} \tag{5-5}$$

计算典型排水分区内排水管网的设计雨水流量和汇流时间，现有暴雨强度下 1 h 最大洪峰流量为雨水管网设计流量：$Q = 0.7 \times 35.5 \times 10^{-3} \times 3 \times 10^6/3\,600 = 20.7 \ \mathrm{m^3/s}$，最大汇流时间为最远点雨水到达排水泵站的时间，$t_2 = 3 \times 10^3/(4 \times 60) = 12.5 \ \mathrm{min}$。预计地块产流后汇入集水井的时间 t_1 为 5 min，延缓系数 $m = 2$，则管网总的汇流时间 $t = 30 \ \mathrm{min}$。因此，在降雨开始后 30 min开启排涝泵站排水，与《肇嘉浜排水系统安全评价与积水改善对策研究报告》中反映的排涝泵站开启的实际情况比较吻合。

2）地面集水计算

根据降雨产汇流和排水管网汇流的计算结果，可以得到典型排水分区的内涝集水情况，如表 5-12 所示。在暴雨强度公式修编和提高标准的要求下，采用现有暴雨强度公式设计的雨水管网将导致多余地面径流形成集水。采用现有暴雨强度公式以 1 年一遇的标准规划建设排水管网设施，在暴雨强度公式修编后即使面临 1 年一遇的暴雨，仍然会产生 0.6 $\mathrm{m^3/s}$ 的多余地面径流量。

可见，上海中心城区的典型排水分区，面临未来暴雨增强的趋势，既有排涝设施已无法应对地面径流的增长，在低洼地区必然产生一定量的积水。通常街坊高程较市政道路高，认为积水主要在市政道路上，参考刘伟（2006）的研究可以大致计算出市政道路的平均积水深度。市政道路面积占比为 0.15，则典型排水分区中市政道路面积约 $45 \times 10^4 \ \mathrm{m^3}$，在 20 年一遇强降雨下市政道路会全面发生内涝，其余强度降雨下市政道路局部低洼点会发生内涝，见表 5-12。

表 5-12　　　　　　　　1 h 不同雨强下典型排水分区内涝集水计算表

降雨强度/mm	1 年一遇(36.5)	3 年一遇(45.7)	5 年一遇(51.2)	10 年一遇(58.0)	20 年一遇(67.3)
最大洪峰流量/($\mathrm{m^3 \cdot s^{-1}}$)	21.3	26.7	30.0	33.8	39.2
雨水管网设计流量/($\mathrm{m^3 \cdot s^{-1}}$)	20.7	20.7	20.7	20.7	20.7
集水流量/($\mathrm{m^3 \cdot s^{-1}}$)	0.6	6	9.3	13.1	18.5
最大集水量/$\mathrm{m^3}$	2 160	21 600	33 480	47 160	66 600
市政道路面积/$\mathrm{m^2}$	450 000	450 000	450 000	450 000	450 000
道路平均积水深度/cm	0.48	4.8	7.44	10.48	14.8
内涝	局部内涝	局部内涝	局部内涝	局部内涝	全面内涝

综上可知,上海市中心城区典型排水分区的下垫面特征、土壤构成、地下水位等,决定了降雨产汇流的特征,较易出现地面径流。再加上城市降雨强度增加以及降雨量的增大,低标准的排水管网系统不足以应对降雨产汇流,会形成内涝积水。

5.2 城市内涝应对措施的分析

内涝的应对措施,遵从"源头处理—过程处理—末端处理"的防灾对策体系,以上海市中心城区为例,下文将详述应对措施并进行分析。

5.2.1 地下调蓄池开发利用现状

为了提高雨污合流系统降雨时的截留量,将多余雨污水和初雨暂时贮存起来,待旱季污水系统设施空余时,纳入污水系统处理后排放,上海市中心城区已建成 11 座调蓄池,总容量 $11.3 \times 10^4 \ m^3$,如表 5-13、图 5-8 所示。浦东新区数量最多,共 3 座,为世博园区雨水系统调蓄池。建成时间最久、容量最大的是梦清园调蓄池,建于 2004 年,容量 $2.5 \times 10^4 \ m^3$,占总容量的 22.1%。按排水系统汇总分析,在分流制系统建设的调蓄池有 6 座,占全市调蓄池总容量的 45.4%;在合流制系统建设的调蓄池有 5 座,占全市调蓄池总容量的 54.6%。经过《上海市城市排水(雨水)防涝综合规划》的研究评估,中心城区地下雨洪调蓄池的建设有效地提升了中心城区局部地区的排涝标准,中心城区重点地区,黄浦区外滩、南京路地区、浦东陆家嘴地区、世博园地区等排水标准达到 3 年一遇的水平(其余地区为 1 年一遇),如图 5-9 所示。

可见,地下调蓄池在一定程度上提高了地区的排水标准。

表 5-13　　　　　　　　　上海市现状雨水系统调蓄池主要指标统计表

序号	调蓄池名称	容积/m³	所属排水系统	排水体制	所属区县	容量比例/%
1	成都北	7 400	成都	合流	黄浦区	6.5
2	蒙自	5 500	蒙自	分流	黄浦区	4.9
3	芙蓉江	12 500	芙蓉江	分流	长宁区	11.1
4	江苏	10 800	江苏	合流	长宁区	9.6
5	新昌平	15 000	康定	合流	静安区	13.3
6	新师大	3 500	新师大	合流	普陀区	3.1
7	南码头、浦明、后滩	13 300	世博园区	分流	浦东新区	11.8
8	梦清园	25 000	宜昌	合流	普陀区	22.1
9	蕰藻浜	20 000	西干线	分流	宝山区	17.7

来源:上海水务规划院,2015。

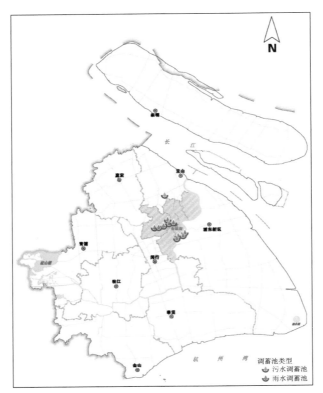

图 5-8　上海城市地下雨水调蓄池分布图

来源：上海水务规划院，2015。

图 5-9　上海市中心城区排水系统排水标准分布示意图

来源：上海水务规划院，2015。

5.2.2 源头处理措施

提高源头处理的能力和水平,增加产流的降雨损失,并不可行。增大降雨损失,包括自然损失(下渗、蒸发)和人为损失(截留),从根本上减小地面产流,构建城市良性水文循环,是美国倡导的最佳管理措施(BMPs)、低影响开发(LID)、绿色基础设施(GI)、英国的可持续城市排水系统(SUDS)、澳大利亚的水敏感性城市设计(WSUD)以及我国近期倡导的"海绵城市"建设技术等具有一定影响的现代雨洪管理的核心理念。但是,具体分析上海市中心城区的典型排水分区,我们发现:

1. 土壤渗透能力低下,改造不渗透面为可渗透面并不可靠

上海地处湿润气候区,降雨频繁,空气湿度大,蒸发量小于降雨量,地下潜水层水位较高,使得潜水层之上的土壤初始含水量比较大,土壤的初始持水能力降低。潜水层之上的土壤主要是人工填土,颗粒较大,田间持水量较低,饱和持水量较高,但是填土中自然土体等结构层(以黏土为主)的存在,阻碍了填土的渗透性。因此,如果采取"更改不透水面的表面材料与材质,增大不透水面表面的渗透性"的措施,比如渗透路面等,降雨可下渗的雨水量较少,获得的成效并不显著。随着降雨强度的增加,绿地的降雨损失锐减,透水路面的降雨损失也理应如此。因此,在未来降雨强度增强、降雨历时增长和特殊雨型下,将不透水面表面改为渗透化的做法在上海中心城区效果并不明显。同时考虑到经济投入和使用耐久性等问题,将不透水面改造为可透水面的措施在上海市中心城区无法得到更多支持。

2. 绿地降雨下渗具有局限性

在上条分析中土壤的构成及含水量决定了土壤的下渗能力有限,且根据聂发辉(2008)的试验研究,上海市中心城区绿地的渗透性受到表层改良土壤的影响,稳定渗透率为 0.03 mm/s,与粉质黏土的渗透系数相当(唐益群、叶为民,1998)。因此,绿地土壤较高的初始含水量和较低的渗透率,使绿地在降雨下很快达到饱和并蓄满产流,绿地的自然下渗量比较有限。同时,上海中心城区典型排水分区既有绿地面积占比已达到 27%,进一步增加绿地面积的前景有限。因此,"扩大绿地规模,增大可透水面"的措施在现实中得不到支持。

正是由于上海市中心城区特有的水文、地质和土地利用情况,决定了采取增加降雨自然下渗的途径减少降雨地面产流并不符合实际情况。

5.2.3 过程处理措施

过程处理是排涝的重要措施。在降雨产流的前提下,减少地面径流的汇流量,需要增加排水管网的排涝能力、增加雨水截留设施,以此减量错峰延时,降低汇流过程的径流量与洪峰流量。上海市中心城区典型排水分区已建成完善的 1 年一遇的排水管网设施和一定规模的排涝泵站,雨水强排入附近水体,且在中心城区的局部地区已建成地下调蓄池。具体分析发现:

1. 既有排水管网的提标改造难度大

现有 1 年一遇排水管网的总干管管径约 φ2 000 mm,如果提高管网设计标准到 3～5 年一遇,根据近期上海市局部地区雨水管网提标改造规划研究,主干管应至少要再增加一根 φ2 000 mm 管径的干管,支管和街坊管也应适当增加管径。但现实条件是,上海市中心城区浅层地下空间中雨水管网的扩容在局部地区面临无地下空间可用的严峻形势,且管网全面施工对城市造成影响、干扰之大无法回避。

2. 扩大排涝泵站的容量是解决局部地区内涝的有效措施

如果干管末端的排涝泵站所处位置恰好与内涝点重合,则增加泵站的规模可以较好地应对内涝点的水患。在实施中由于排涝泵站位于河边,且占地有限,扩容的可实施性较大。但是当排涝泵站位置并不是内涝点时,由于排涝泵站的排涝规模受制于输送到泵站的雨水干管末端的流量,因此在排水管网输水能力得不到提高的情况下,单纯增大排涝泵站运能,对片区的涝灾也不起作用。

3. 极端内涝灾害受制于河流容灾能力,提高河流排涝能力属于系统工程

上海市中心城区河网率低,建设用地高程低、河流水位高,河流基本不作为自排的受纳体;排水分区以强排为主,利用管网系统将排水分区围起来收集雨水,通过泵站提升排入河流。因此,城市排水系统的排涝能力即是管网收集能力和泵站排放能力。一般情况下河流水位的高低并不影响强排的能力和容量,但是当发生极端事件时,海潮漫淹、潮水顶托会使得黄浦江水位升高,遭遇连日暴雨会使得内河河水水位上涨且受到黄浦江高水位顶托,受纳水体的河道水位也会升高,当超过河道的防洪安全标高时,河道就无法继续接纳排水分区的强排雨水,排水分区的雨水管网系统满负荷收集却无法外排会引起严重内涝。因此,当遇到极端灾害事件时,河流的容纳能力会直接影响中心城区排水分区的排涝能力。河流的过水能力受制于河流断面和粗糙度。根据明渠均匀流的水力学计算公式,河流的流量为

$$Q = AC\sqrt{Ri} \tag{5-6}$$

式中,C 为谢才系数,可用曼宁公式计算,$C = \frac{1}{n}R^{1/6}$;n 为河道的粗糙度,与河道材质相关;A 为河道断面面积;R 为水力半径,$R = \frac{A}{x}$,x 为过水断面的湿周,即河流过水断面的周长;i 为水力坡降,也是河道底坡的自然坡降,平原河网地区一般取值较小。在 i 为定值的情况下,河流的断面流量即洪水通过能力与断面形状、尺寸和粗糙程度有关。由于城市河道两侧的建设,河道两侧无法拓宽。在此情况下,见图 5-10,以常见河流断面梯形和矩形为例,梯形断面的坡度角 α 一定,底宽 b 为定值,矩形断面的宽度 b 为定值,根据公式计算最佳水力断面为一定值,计算结果见图 5-10。河流最大过水能力与河道深度不相关。在河道防汛堤已经加固加高的现状情况下,继续加高防汛堤来提高汛期容纳能力受到各种条件制约,并不可行。在河道断面形式、尺寸

一定时,河流过水能力与过水断面粗糙度成反比,降低河道粗糙度可提高河道的过水能力。

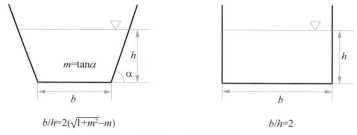

图 5-10　河流断面与最大过水断面图

在城市中心城区,不能增高河流堤坝,深挖作用不明显且不利于河流堤坝稳定,局部地区更改河道粗糙度对于流域中下游河流水深的影响十分有限。上游来水对河道中下游地区水面高程的负面影响远大于局部地区断面改造带来的正面影响。假使通过河流疏浚降低河床水位时,排水分区内的地下潜水以自然坡降向河道汇流,汇流速度较河流高水位时会被加速,这样会间接提升可渗透地面雨水下渗的能力。尽管如此,根据崔庆峰(2011)的总结,地下水汇流属于有孔介质中的水流运动,运动速度比地面汇流缓慢。对于城市小流域,基本上可以忽略地下水汇流对降雨下渗的影响。

因此,河流防涝能力将影响极端情况下城市内涝灾情。处于河流中下游的城市,通过更改局部地区河流断面过水能力来提高应对内涝的能力只是杯水车薪。

4. 增加雨水截留设施是可行的措施

地下调蓄池主要是结合雨水排涝泵站整合建设的点状雨水调蓄设施,是解决排涝泵站局部地区内涝的有效措施。由于中心城区河道、池塘、人工湖的比例非常低,在典型排水分区中利用自然的雨水截留设施比较难以实现,常常利用景观水池建设人工雨水调蓄池,结合植草沟、下沉式绿地、下沉式广场等设施整合建设截留设施,滞蓄地面径流。多功能的雨水截留设施是过程处理的经济性、可行性较高的重要措施。但是对于已建成的成熟城区,更改用地性质增加雨水截留不具有实施条件。

5. 调整土地利用布局,可达到雨洪缓排与错峰的作用

排水分区内上游地块调整为绿地等可透水地面,可有效延长集水区下游洪峰发生时间。道路坡度、粗糙度以及汇水距离和范围在现实中受到众多因素的影响,不会单独从滞洪一个方面来改变。可能由于对是否发生内涝的关注比对内涝发生时间的关注更加敏感,因此在城市规划建设中,洪峰发生时间并未被普遍关注。但事实上对于突发短时暴雨,当降雨历时与洪峰汇流时间比较接近时,尽可能延缓洪峰到达时间,可有效降低低洼地区遭受的损失和争取反应应对时间。如本案例中典型排水分区,见表 5-10,1 h 降雨历时 20 年一遇强降雨的最大地面径流汇流时间为 37 min,即坡面汇流形成洪峰的时间为降雨开始后 37 min,通过土地利用布局调整,产流时间明显延后,则下游遭受洪峰的历时将会缩短,损失会降低。

可见,受制于排水设施系统和河流系统,既有城区的排涝能力和极端排涝能力是一定的,更改用地性质增加雨水截留设施和改变用地布局,对于新建地区有效,但是对已建成密集城区,可实施性较差。另外,河流的排涝能力是另外一个比较复杂的系统工程,对于上海市中心城区,本研究只简单罗列研究结论,不深究具体研究过程。

5.2.4 末端处理措施

末端处理是排涝的补救措施和最后的保障。内涝的末端处理指点状调蓄设施与深层底下调蓄管廊的系统调蓄设施相结合的排涝工程性设施,快速排除地面滞水到地下空间储存,错峰缓流,待达到市政管网强排条件时,再将洪水排入市政管网外排或者作为水资源留作他用。同时,还可以容纳内河洪水泛滥,快速排除、缓存。从目前上海市地下雨洪调蓄设施的使用可以看出,其显著提高了局部地区的排水标准和防涝水平。

综上所述,内涝雨洪防治与应对是系统工程。源头处理措施并不适合上海市中心城区的实际情况。过程处理是应对内涝的重要措施,但是投入巨大,效果会受到受纳河流容纳能力的影响。地下点状雨水调蓄设施与地下线状深层调蓄管廊作为末端处理,可以增强市政排涝设施的处理能力,提高应对突发洪水内涝的保障水平。

5.3 城市地下空间开发利用对内涝的影响

城市地下空间开发利用,会对城市降雨产汇流、内涝灾害的形成产生什么影响呢?是加剧灾害发生还是缓解灾害进程?还是地下空间开发利用本身对内涝成灾无影响,但是一旦内涝形成却对地下空间构成影响?这些根本性的问题将决定我们如何使用城市地下空间。以上海市为例,从地下空间开发利用特征来具体分析对降雨产汇流及内涝的影响。

5.3.1 城市地下空间开发利用竖向分析

1. 城市地下空间开发利用的竖向布局

由于上海市中心城区地下空间的大规模开发利用,据不完全统计(图 5-11),截至 2012 年年底,上海城市地下空间开发利用总建筑面积约 6 000 万 m²。如此大规模的地下空间开发利用,是否会影响雨水向地下土壤下渗而使得降雨地面产流量增加呢?

与上海中心城区典型地区下垫面的构成相一致,将用地类型划分为:市政道路、广场绿地和建筑。调查上海城市地下空间的竖向分层布局情况,参考李春(2007)的研究,将上海市地下空间的竖向分层按照 0～−15 m 浅层空间,−15～−30 m 中层空间,−30～−50 m 深层空间,−50 m 以下大深度地下空间划分为四个层次,每一层次三类用地的地下空间功能如表5-14 所列。

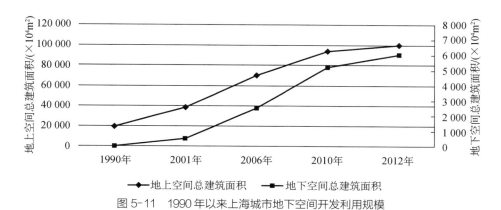

图 5-11 1990 年以来上海城市地下空间开发利用规模

来源：上海市城市规划设计研究院，2013。

表 5-14   上海城市地下空间竖向布局统计表

分层	道路		广场绿地		建筑
0～−15 m	▲一般市政管线	◎地下废气物处理	◎地下文化娱乐体育	◎地下商业设施	
	▲地下步道	▲综合管沟	地铁车站	◎地下商业	▲地下停车场
	▲地铁车站	◎地下环路	▲地下停车	▲地下仓储	▲建筑设备
	▲区间隧道	◎市政干管	▲地下变电	◎地下水库	
−15～ −30 m	▲地铁车站、区间隧道		▲地下变电站		◎建筑设备
	◎市政干管		地下停车场		◎工厂
	◎综合管廊		地下仓储		
			地下废气物处理		
−30～ −50 m	◎地铁区间隧道		◎地下过境、到发道路		◎建筑桩基
	◎地下过境、到发道路		◎地下仓储		
	◎地下物流		地下变电站		
−50 m 以下	◎地下过境、到发道路		◎预留发展空间		◎建筑桩基
	◎地下物流				◎预留发展空间

注：▲指常遇开发设施；◎指偶遇开发设施。
来源：上海市城市规划设计研究院，2013。

2. 城市地下空间开发利用深度的分析与发展趋势

1) 上海城市地下空间开发利用(截至 2009 年)深度分析

以下所论及地下空间主要指民用部分的地下空间，不包含人防保密工程。按照功能类别的不同，将上海城市地下空间开发利用功能分为生产生活服务设施、公共基础设施和轨道交通设施及附属设施三大类。其中生产、生活服务设施包含旅馆、商场、餐饮场所、会议场所、办公场所、文体场所、更衣室、医院、生产车间、仓储、汽车库、自行车库、设备房、连接通道、下沉广场等；

公共基础设施包含变电站、水库、泵站、综合管廊、设备房、车行下立交、越江隧道、人行地下通道、雨水调蓄池、水质净化厂等。

（1）各区县2009年地下生产生活服务设施建设深度。由图5-12、图5-13可知,上海市地下生产、生活服务设施中92%的埋置深度位于10 m以内,其中5 m以内的占据了65%,10 m以上的仅占8%。可见,地下生产、生活服务设施以−10 m以内的地下浅层空间开发利用为主。

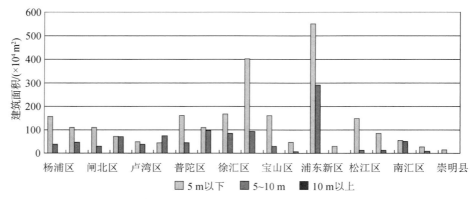

图5-12　2009年上海市各区县地下生产、生活服务设施开发利用埋置深度统计

来源:根据上海市民防办数据自绘。

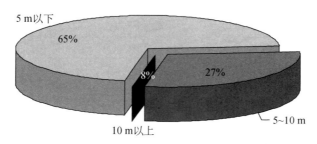

图5-13　2009年上海市地下生产、生活服务设施开发利用埋置深度分析

来源:根据上海市民防办数据自绘。

（2）各区县2009年地下公共基础设施建设深度。由图5-14、图5-15可以看出,地下公共基础设施的埋置深度10 m以上的占38%,5 m以内的占41%,较地下公共生产、生活服务设施的埋置深度有较大的不同。同时,这反映出一个趋势,即现阶段地下公共生产、生活服务设施主要占据地下空间的浅层空间,地下公共基础设施有深层化的趋势。

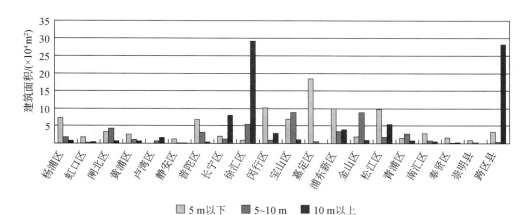

图 5-14　2009 年上海市各区县地下公共基础设施开发利用埋置深度统计

来源:根据上海市民防办数据自绘。

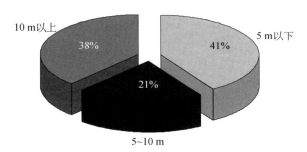

图 5-15　2009 年上海市地下公共基础设施开发利用埋置深度分析

来源:根据上海市民防办数据自绘。

2) 上海城市地下空间开发利用的深层化趋势

随着上海城市地下空间的开发利用,截至 2009 年,92% 的生产生活服务设施和 62% 的公共基础设施建设于—10 m 的浅层空间内。由于建设规模巨大,浅层空间目前已趋于饱和。近期地铁的建设在向深层发展,例如规划中的地铁 13 号线淮海中路站一共地下六层,位于—71 m。从日本地铁建设年代和深度(图 5-16)可以明显地看出轨道交通向深层化发展的趋势。上海与其类似,未来地下空间开发利用将向深层化发展。

5.3.2　城市地下空间开发利用对降雨损失的影响

由上海城市地下空间分层布局研究可知,目前上海既有地下空间开发利用绝大部分布局于 0～—15 m 浅层地下空间。其中,道路结构层下面—5 m 左右为市政管线,在市政管线下为地下道路、地铁等线状交通设施;广场与绿地下的地下空间开发,一般也位于广场结构层、绿地种植植被生存最低需求的土壤厚度以下,顶层覆土埋深一般达到 1 m;建筑物地下空间作为附建式建筑与地上部分连成一体,其地上部分为建筑或者覆土绿化。以下分别分析不同用地的地下

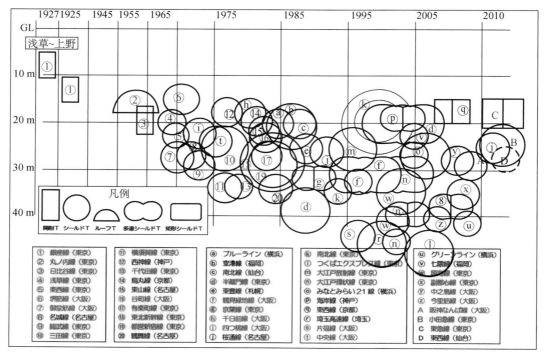

图 5-16　日本地铁建设年代与开发利用深度分析图

来源：粕谷太郎，2015。

空间开发对降雨损失的影响。

1. 市政道路和建筑地下空间开发利用

在典型排水分区下垫面渗透性分析中，屋面（建筑）和市政道路是不可渗透面，其径流系数分别达到 0.85 和 0.9，降雨的径流损失主要为蒸发和表面沟壑填平等，很少有降雨下渗。由于地下空间开发利用不影响表层覆盖物的水分蒸发和表面坑洼沟壑，因此建筑和市政道路的地下空间开发利用对用地的降雨渗透性无影响。

2. 绿地的地下空间开发利用

绿地的地下空间开发利用，主要用于文化娱乐体育、地铁车站、商业、停车、仓储、变电站、水库、垃圾处理等。尽管用途繁多，但是地下空间的顶层结构层均位于植被生长所需最低土壤厚度层之下。根据朱大明（2002）的研究，理论研究和实践经验表明：种植草皮、灌木和乔木所需要的自然土厚度分别为 0.4 m，0.5 m，1.2 m，即绿地的地下空间覆土厚度至少达到草皮 0.4 m、灌木 0.5 m、乔木 1.2 m。实际调研中发现，上海市延中绿地三期（音乐广场）地面为乔木和草皮，地下一层为单建式 6 级人防工程，其上覆土厚度达到 2 m。上海静安寺公园，地面为草皮、乔木、水面、土丘，地下一层、二层开发商业、下沉式广场，地下一层顶板上的覆土厚度亦达到 2～3 m，并形成山坡（卢济威等，2000）。

根据《上海市新建公园绿地地下空间开发相关控制指标规定》(2010)规定:"本着合理利用土地资源,确保植物正常生长,确保公园游园功能正常发挥,新建公园绿地面积小于 0.3 hm²(含 0.3 hm²)的,禁止地下空间开发;新建公园绿地面积超过 0.3 hm² 的,可开发地下空间占地面积不得大于绿地总面积的 30%;新建公园绿地的地下开发空间占地面积超过 0.5 hm² 的,不得整片连续布局,应当按照面积不大于 0.5 hm² 的空间为单元,分散布局,单元之间可以设置宽度不大于 10 m 的连接通道。绿化种植的地下空间顶板上标高应当低于地块周边道路地坪最低点标高 1.0 m 以下。地下空间顶板上覆土厚度应当不低于 1.5 m。地下空间顶板设计符合顶部植物健康生长的排水要求,应设计合理的排水系统,在排水口应设置过滤结构。"可见,虽然没有明确从雨水下渗的角度提出公园绿地的地下空间开发要求,但是公园绿地下地下空间开发面积受到严格限制,在水平面上可渗透面面积比例远远大于地下空间表面形成的不透水面面积,地下空间顶板标高位于−1.0 m 以下,即地下潜水位中,可推论得知地下空间开发利用并不影响绿地的雨水下渗。而且地下空间顶板常常要求设置阻隔板等必要的排水设施,通过主动排水原理将地下空间顶板上的滞水快速排除,而这也加速了下渗降雨的排放。

此外,为满足人防工程防护抗力等级的要求,人防相关技术要求规定结构顶面覆土厚度一般不得小于 0.6~1.2 m,且在防护结构空间范围内满覆土,这一土层厚度可满足绝大多数绿化植物的种植要求(朱大明,2002)。可知公园绿地下单建式人防设施,其覆土厚度要求基本可满足绿化植物的要求,且人防设施基本位于地下水潜水位以下,不影响降雨的自然下渗。

综上所述,上海城市地下空间的开发利用,基本位于地下潜水位以下,不影响建筑、市政道路的降雨产流,不影响绿地的降雨下渗。总之,上海城市地下空间开发对降雨下渗损失无影响。

5.3.3 城市地下空间开发利用对径流汇流的影响

降雨径流汇流包括地下管网汇流和地面坡面汇流。地下管网属于地下空间浅层开发利用,是降雨径流汇流的一部分。地面坡面汇流主要沿着市政道路以一维恒定均匀流由高向低处流动,遇到地下空间裸露于地表的出入口及其附属设施,当水流水位高于出入口高程时,坡面流将沿着出入口漫入地下空间而改变坡面流既有的流速和流向。如果地下空间为雨洪调节池,则可快速排除地面多余滞水;如果地下空间为公共生产生活服务设施,其内部将发生内涝灾害。

1. 上海城市地下空间竖向布局对径流汇流的影响

上海城市地下建筑中高达 92% 的地下生产生活服务设施和 62% 的市政基础设施设置于−10 m 以内的浅层地下空间。尤其地铁与地下道路的建设,沿着城市道路网络占据大量的浅层、中层空间,并向深层空间拓展。中心城区道路网络下市政公用设施,经历上百年的发展,盘根错节,尤其在道路交叉口位置管位的布置及检查井等设置非常困难,加之管线相互干扰影响和保护的要求,浅层空间水平向扩容几乎不可行,而向中层空间发展又受到众多限制。由此可见,上海浅层地下空间开发利用将趋于饱和,雨水管网就地扩容增量难以实现。因此,既有雨水管网仍以 1 年一遇的设计流量排涝,在遭遇大强度降雨时管网设施将溢流产生地面滞水。

2. 上海城市地下空间水平布局对内涝成灾的影响

当发生内涝时,洪水沿着道路坡面汇流。供人使用的地下公共生产生活服务设施,其出入口一般紧邻道路红线或位于地块内建筑的地面层。当地下公共生产生活服务设施的出入口布局在排水分区的低洼地区附近时,由于地面径流汇流产生积水,超过地下空间防涝设计标准水位时,会发生雨水倒灌,产生内涝灾害。因此供人使用的地下空间的水平布局,尤其是出入口位置的选址,当处于内涝积水点时会增大排水分区内涝成灾的危险性。与此相反,地下雨水调蓄池等市政基础设施的规划布局应布置在内涝积水点附近,雨水调蓄池的出入口设置应利于快速收集积水,这样便可缓解内涝成灾,降低区域内涝灾害风险。

综上所述,城市地下空间的开发利用,其竖向布局影响径流汇流,水平布局影响内涝灾害的发生。城市地下空间开发利用的不同功能,对城市内涝灾害的发生产生不同的作用。

5.4 城市地下空间防内涝的规划措施及其脆弱性

城市地下空间的开发利用并不影响降雨的产汇流,却容易受到降雨内涝的影响。既有地下空间建(构)筑物已经建成,无法撤销或废弃。当城市降雨条件改变时易受内涝水患的影响。以下主要研究城市地下空间防内涝的规划措施及其脆弱性。

5.4.1 城市地下空间防内涝的规划措施

总结城市地下空间防内涝规划,一般综合采用"以防为主,堵、排、贮、救相结合"的措施,以广泛分布的地铁防内涝措施为例,包括如下主要内容:

1. 设防标准

一般地下空间的防洪标准采用所在城市的防护标准,对于特殊和重要的地下空间可以采用比城市防护标准高一级的标准。根据《地铁设计规范》(GB 50157—2013),地面车站、高架车站屋面排水管道的排水设计重现期应按当地 10 年一遇的暴雨强度计算,设计降雨历时应按 5 min 计算;屋面雨水工程与溢流设施的总排水能力不应小于 50 年重现期的雨水量;高架区间、敞开出入口、敞开风井及隧道洞口的雨水泵站、排水沟及排水管渠的排水能力,应按当地 50 年一遇的暴雨强度计算,设计降雨历时应按计算确定。

2. 防水

地下空间设施的人员出入口、采光窗、竖井、进排风口和排烟口,都应设置在地势较高的位置,所有孔口标高应高于室外地面,并应满足当地防洪要求。根据《地铁设计规范》(GB 50157—2013),地铁车站出入口、消防专用出入口和无障碍电梯的地面标高,应高出室外地面 300～

450 mm,一般均采用三级踏步共高 450 mm,并应满足当地防淹要求;当无法满足时,应设防淹闸槽,槽高可根据当地最高积水位确定。

3. 堵水

城市排水能力不足出现街道积水时,地下空间出入口处应采取适当的挡水措施。当积水较浅时,可用沙袋堆积成挡水墙,或用混凝土现浇成分水龟背。当积水较深时,可临时加高门槛,或用防水挡板插入预留沟槽内挡水。当洪水来势较猛时,应立即将口部防护密闭门关闭,其他孔口也予以封堵。不同地下空间连通处应设置挡水设施。

4. 排水

为了将侵入地下空间内部的积水及时排出,在地下空间最低处设置排水沟槽、集水井和紧急抽排、大功率排水泵及排水系统。因地下车站和地下区间埋深较深,车站排水一般均需要设置排水泵站,通过排水泵站提升后排至市政排水管网。地下车站和地下区间设置的主排水泵房主要排除车站及区间的结构渗水、冲洗剂、消防废水。车站主排水泵站的排水能力应兼顾区间和车站的排水要求,满足车站与区间同时排放的结构渗漏水总量与车站消防排水量之和的要求,常设置 2.5 m×2.5 m×3 m 的储水池。

5. 蓄水

在少数发达城市,可考虑结合地面道路、运动场等建设地下调节池,或在深层地下空间内建成大规模地下蓄水系统,综合解决城市在丰水期洪涝而在枯水期缺水的问题。

6. 救援疏散

防汛期间应根据天气预报及时做好地下空间的临时防洪措施,根据灾情及时启动抢险应急预案,迅速组织人员疏散撤离,并对次生灾害的发生做好充分准备。

5.4.2 城市地下空间防内涝的脆弱性

按照上文地下空间防内涝的规划措施,以地铁站为例,从内涝设防标准、排涝设施建设两个方面分析地下空间防内涝的脆弱性。

1. 城市地下空间防内涝的设防标准

在地铁设计中,按照规范要求,地面以上的车站排水设施建设标准为 10 年一遇暴雨强度的降雨,其他地面以上部分排水设施的设防标准为 50 年一遇的暴雨强度的降雨。由于地铁系统裸露在地面以上部分的集水区域面积有限,如地面上地铁车站出入口面积大约 20 m²,则总的雨水流量并不大。对于地铁出入口部的防淹标准,规范中并没有明确提及,只是依据当地的防洪要求,高于室外地面标高。上海市的室外地铁出入口一般多采取三级踏步 450 mm 的相对标高。当无法满足要求时,应设置防淹闸槽,临时加高出入口的挡水设施。

由于城市中地形地势的差异,在排水分区中,如果地铁车站选址于高程相对较高的地区,则 450 mm 的相对标高基本可以满足防涝的要求;如果地铁车站选址于区域内高程较低的内涝隐患点,当遇到超标准暴雨时,由于地面雨水产汇流,最低点的积水深度超过 450 mm 而造成地铁车站险情的概率比较大。因此,在地铁车站的设防标准中,不考虑周边地区的积水内涝而统一要求出入口 450 mm 的相对标高将使地铁车站具有一定的内涝风险。

更加常见的情况是由于突降超标准暴雨,如北京暴雨事件,暴雨强度大、洪峰流量大、产汇流时间短,在尚未放置阻水设施时已出现地面雨水超过 450 mm 相对高程、漫入地铁车站出入口的情况。还有一种可能情况是,地铁建设在前,其所在排水分区的城市化进程在后。地铁建设时排水分区的综合径流系数至多为 0.5,而现在由于城市建设,综合径流系数至少为 0.7。下垫面的变化极大地改变了排水分区的降雨产汇流进程,同一强度降雨下地面径流的积水高度较之前大幅度增加,汇流时间缩短,对地铁出入口产生内涝风险变大。

2. 城市地下空间的排涝设施建设

地铁车站内部排水设施与排涝泵站以消防排水量和渗漏水量的最大排水规模建设的,并就近强排入市政管网。以上海典型地区的排水分区为例,当发生内涝时,1 年一遇的市政雨水管网已涌水饱和,一旦雨水从出入口部进入地铁车站,不仅储水池的蓄水容量无法满足洪水的蓄积规模,而且市政管网饱和也使得地铁排涝泵站无法外排洪水。因此,洪水一旦漫过出入口进入地铁车站内部,现有的排涝设施就不足以应对出现的险情。

3. 城市地下空间内涝的因素分析

纵观国内外已发生过的地下空间水灾,从发生内涝的原因分析影响城市地下空间内涝的因素:暴雨或暴雨引起河流漫堤,洪水位超过地下空间出入口部的防涝标高,从而使得地下空间洪水倒灌受淹。部分受淹是由自身出入口造成,部分受淹是由于地下空间具有连通性而受到周边地下空间洪水的波及。

综上所述,地下空间受淹主要受出入口部洪水倒灌。既有地下空间主要依靠出入口部相对高程防内涝,安全性不高;临时性的堵水设施受到洪水灾情和操作运营等主客观因素的影响,稳定性不高;地下空间内部储水、排涝设施容量、能力有限,洪水一旦突破出入口漫入内部,就会造成较大的内涝灾害。

5.5 开发利用地下空间防御城市内涝的规划对策

从内涝应对措施来看,分散化的点状雨水调蓄池和体系化的地下深层隧道是上海市中心城区有效的规划对策,不仅缓解地面内涝水患,而且可保障城市地下空间的防内涝安全。分散化的点状雨水调蓄池适合解决排水分区局部积水点和内涝隐患点的问题,是加强市政排水系统除涝能力的单系统工程;而深层隧道是解决防洪与内涝,应对超过市政排水系统设计标准的超标暴雨或极端天气的特大暴雨、内河洪水与暴雨内涝同时发生的极端灾害事件,增加排洪通道和调蓄容量的系统工程。以下将分别研究散点状雨水调蓄池规划对策和深层地下雨水调蓄隧道的规划措施。

5.5.1　散点状雨水调蓄池规划对策

建设分散式点状地下雨水调蓄池是解决局部地区内涝、提高地下空间防涝能力的有效手段,适合于用地紧张、建设密集的既有建成区,且局部地区易发生内涝但不发生全局性的内涝水灾。本节从建设规模、选址布局、建设方式等方面对雨水调蓄池的规划建设进行研究。

1. 雨水调蓄池的建设规模

提高排水分区的排涝能力,市政排水规模从 1 年一遇的暴雨强度提高到 3 年一遇的水平,以此提高排水分区应对超标降雨的能力,降低地下空间内涝风险。利用分散式点状雨水调蓄池分流多余地面径流,根据原排水系统设计标准和提标的标准来确定。公式如下:

$$f = \psi(i_{p_2} - i_{p_1}) \tag{5-7}$$

式中　ψ——径流系数,取 0.7;

　　　f——调蓄量(mm);

　　　i_{p_2}——改造标准下的降雨量,3 年一遇降雨量,采用修编公式;

　　　i_{p_1}——原标准下的降雨量,1 年一遇降雨量,采用现有公式。

因此,上海中心城区典型排水分区所需调蓄量为

$$f = 0.7 \times (51.2 - 35.5) = 10.99 \text{ mm (即 109.9 m}^3/\text{hm}^2)$$

按照以上参数计算点状雨水调蓄池设施的配置规模,可达到雨水排水系统提标改造的目标。结合居住小区和公园、绿地、学校、运动场馆、广场等公用设施用地综合建设点状调蓄池,以绿地为例,面积占比 0.27,通过整治建设,取标高低于路面标高 20 cm,绿地可蓄滞雨水 54 m³/hm²,则结合绿地、广场建设的点状地下雨水调蓄池规模为:109.9−54=56 m³/hm²。

2. 雨水调蓄池的选址布局

1) 理论选址布局

设置于排水分区上游、中游、下游的点状雨水调蓄池,对降雨产汇流、排水管网流量的影响并不相同。雨水调蓄池的不同选址,对排水分区中内涝点的作用效果并不相同。从理论上讲,由产汇流理论及内涝成灾的过程可知,绿地、调蓄池等下渗、滞蓄雨水的设施应尽可能布局于排水分区的上游、距离集水点较远的位置。这样洪峰产生的时间比布局于其他地方的时间会大幅度延迟。图 5-17 所示典型排水分区,调蓄池 1 布局于上游、调蓄池 2 布局于中游、调蓄池 3 布局于下游集水点附近。假设调蓄池的容量是相同的,集满时间为 t_0,调蓄池 1 位置流到集水点的地面径流时间为 t_1,从调蓄池 2 位置流到集水点的地面径流时间为 t_2,从调蓄池 3 位置流到集水点的地面径流时间为 t_3。当集水点收集到调蓄池 1 蓄满产流的地面径流时,排水分区产生最大洪峰,其发生时间为 $T_1 = t_0 + t_1$;当设置调蓄池 2 时,排水分区产生最大洪峰时间出现在调蓄池 2 产流且地面径流到达集水点,同最远点产生的地面径流到达集水点二者中的较大值,即 $T_2 = \max\{t_0 + t_2, t_1\}$;当设置调蓄池 3 时,排水分区产生最大洪峰时间出现在调蓄池 3 产流且

地面径流到达集水点,同最远点产生的地面径流到达集水点二者中的较大值,即 $T_3 = \max\{t_0 + t_3, t_1\}$。调蓄池最佳选址是使得集水点的洪峰出现时间最大的位置,即 $\max\{t_0 + t_1, \max\{t_0 + t_2, t_1\}, \max\{t_0 + t_3, t_1\}\}$ 时的调蓄池。由于 $t_1 > t_2 > t_3$,因此上式的求解为 $T_{\max} = t_0 + t_1$,前提条件为降雨强度足够大,形成地面径流,同时降雨历时 $T_0 \geqslant T_{\max}$。

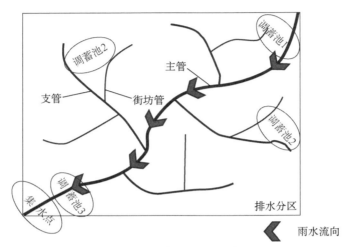

图 5-17　排水分区中雨水调蓄池布局分析图

2)模型分析与验证

以英国 Wallingford 公司的 InfoWorks&FloodWorks 系列软件模拟广州市洪德地区排水片区在不同地区布局调蓄池时的分析计算结果。

(1)调蓄池模型建立

经计算,排水片区需要 8 000 m³ 的调蓄池可满足系统提标要求。在排水系统末端加入一座 8 000 m³ 的调蓄池。加入调蓄池后的系统水力模型如图 5-18 所示。

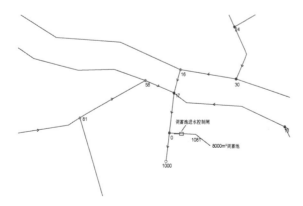

图 5-18　加入调蓄池后的系统水力模型

来源:广州市城市规划勘测设计研究院,2010。

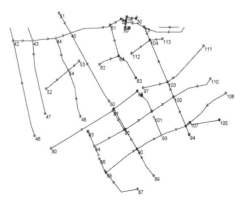

图 5-19　加入调蓄池后对系统积水点的影响

来源:广州市城市规划勘测设计研究院,2010。

（2）对积水区的影响

如图 5-19 所示模拟分析结果，红色点为可能发生的积水区域，与未加调蓄池时的情况相同。在系统末端加入调蓄池后，并不能改变上游积水区域的状况。

将上述调蓄池分别设置于系统两条主干管的中游位置，池容分别为 4 000 m³，如图 5-20 所示。对积水区域的影响见图 5-21。由图可看出，由于调蓄池 1 的加入，使系统中积水区域大大减小。

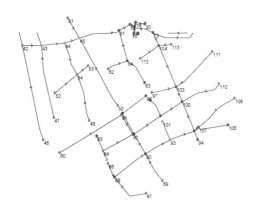 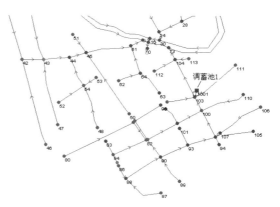

图 5-20　系统不同位置设置调蓄池

来源：广州市城市规划勘测设计研究院，2010。

图 5-21　系统不同位置设置调蓄池对积水区域的影响

来源：广州市城市规划勘测设计研究院，2010。

可见，调蓄池的设置方式与调蓄容量的确定主要取决于排水系统的特性和调蓄池的功能。解决原有系统地面积水问题，调蓄池应设置在积水点的系统上游。

3. 雨水调蓄池的建设方式

雨水调蓄池主要采用结建的复合开发模式，可分为地上雨水调蓄池和地下雨水调蓄池。地上雨水调蓄池通常结合公园、绿地、广场等公共开敞空间的地形高差设计，降雨时收集、汇聚、容纳附近地区的地面径流。地下雨水调蓄池是在公园、绿地、广场等地下空间建设一定容量的蓄水池，增大地面开敞空间的蓄水能力。结建式地下雨水调蓄池更加有利于雨水的处理和后期利用，比较适合于城市中心城区高强度开发地区。

5.5.2　深层隧道规划对策

1. 深层隧道建设的必要性

通过上文的分析，散点状的人工雨水调蓄池可在一定程度上改善局部地区的内涝积水，但由于分散的人工雨水调蓄池并不相互连通，与市政管网也不连通，因此其综合调蓄能力较弱。而且按照上文的计算规模，排水分区达到单系统提标要求，需要配置一定规模库容的调蓄池，其造价也不低。相比较深层隧道，由于相互联网，并与既有市政排水管网互通，且具有相当大的调节库容，突发情况下在其末端可直排洪水，且深层隧道位于已开发利用地下空间的下层，可保障河流漫堤、突发降雨等极端内涝灾害下城市地下空间和地上空间不受水灾影响。

对于上海这种特别重要的城市,地下空间开发利用规模如此之大,为保证极端洪水内涝下城市的运行安全,适合开发利用城市深层地下空间来建设调蓄隧道。事实上,深层隧道相当于地下人工暗河,可将其看作人口、建筑稠密的城市中心区开辟人工河道来扩大水面率。上海的情况与日本东京非常类似。日本东京,位于关东地区南部,境内河流纵横,属于内陆河流入海口处,地势低平以河口冲击平原为主。历史上过分抽取地下水,东京地面沉降幅度较大。一些地势低洼地区,地面高程甚至低于海平面高程。由于经常遭受台风、暴雨的袭击,一些地势低洼地区常常受到雨洪和中小型河流漫堤的威胁,损失严重。由于沿河流两侧已全部城市化,且建筑密度高、开发强度大,尤其土地权属的私有化,使得征地、动迁成本巨大,加宽河道或增加防汛堤高度来解决这类城市型水灾比较困难。因此,东京市政府利用广泛分布的地下空间,建设深层地下雨水调节池,达到扩充河流容量、缓解水灾灾情的目的。工程概况如表 5-15 所列。

表 5-15　　　　　　　　　　　日本地下雨水调节池工程概况

地区	路线	容量/m³	长度/m	直径/m	深度/m
大阪	Kizugawa-Hirano	140 000	1 300		
大阪	Shinjo-Yamato	40 000	600		
大阪	Kizugawa-Hirano	100 000	1 200		
东京	Yamanote 集水区	300 000~500 000	3 900	10~12.5	
东京	神田川 7 号环线	540 000	4 500	12.5	—40

注:Yamanote 汇水区包括 Shirako 河,Shakujii 河,Kanda 河,Neguro 河。
来源:根据 Japan Tunnelling Association(2000)和 Fumio Yamazaki 编制。

2. 深层隧道建设的可行性

1)工程技术比较成熟

上海应用盾构法建设隧道,在技术上经历了从"网格挤压式盾构—土压平衡盾构—泥水加压平衡盾构"的过程,技术已经相当成熟。目前上海市地铁线路施工已经达到-30 m,深层隧道位于-40~-50 m,应用盾构法建设调蓄隧道存贮雨污水,在技术上完全可行。

2)工程费用与地铁相当

根据王如琦(2004)的研究,估算散点式雨水调蓄池的工程费用,调蓄池有效水深 5 m,调蓄池占地面积约 0.2 m²,每个池子的直接工程费 1 600~1 800 元/m³,如果再考虑中心城地价 12 000~15 000 元/m²,加上征地费用(调蓄池的征地范围要大于池子的占地面积 30 %左右),建设调蓄池的费用高达 4 000~4 800 元/m³。而隧道调蓄池建于深层地下,则可避免征地,不占用宝贵的土地资源。

根据上海城建设计院应用盾构法施工的瑞金南路隧道工程,外径 4.8 m,内径 4.2 m,长 1 340 m,不包括泵站在内的隧道综合造价为 2 600 万元(含泵站总造价为 3 100 万元),包括征地、补偿等费用在内,内径 4.2 m 隧道的建造单价为 19 400 元/m,折合为 1 400 元/ m³ 容积(1 170 元/ m³ 开挖量)。据上海城建设计院的其他隧道工程造价估算,直径 5 m、4.5 m 和 4.2 m

的隧道工程造价分别为 34 000 元/m、30 000 元/m 和 28 000 元/m。另外,根据上海隧道设计院应用盾构法施工的上海市地铁隧道综合造价调查,直径 5.5 m 的隧道,含征地、补偿费用在 24 000~28 000 元/m,折合成单位容积的造价为 1 000~1 200 元/ m³,直径为 6.3 m 的隧道综合造价,含征地、补偿费用约 35 000 元/ m³。其他直径为 10 m 和 11 m 的隧道工程,造价分别为 110 000 元/ m³ 和 120 000 元/ m³,详见表 5-16。

表 5-16   上海市盾构法实施隧道工程的估算造价

直径/m	4.5		5	6.3	10	11
		4.2				
单位长度造价 /(元·m⁻¹)	24 000	30 000	28 000	34 000	35 000	110 000	120 000
单位容积造价 /(元·m⁻³)	1 500	1 887	2 022	1 732	1 123	1 401	1 263
备注	地铁	市政	市政	市政	地铁	地铁	地铁

来源:王如琦(2004)。

3) 运营管理积累了一定的经验

目前,国内香港已建成深层隧道调蓄池并营运多年,广州市已建成深层隧道调蓄池试验段。国外日本、美国、英国、德国等部分城市也已建成深层隧道调蓄系统,这些地方积累了丰富的经验,可为国内借鉴。

综上可知,从工程技术、工程费用和运营管理三方面考量我国大城市,尤其是上海市,建设深层隧道调蓄系统具备一定的可行性。

3. 深层隧道的分类与运行原理

深层隧道承担的职能,大致分为五类:①快速排除洪水;②消除洪峰,蓄滞洪水;③雨水回用;④控制初雨面源污染;⑤保护河流水体水质。

深层隧道调蓄池一般与既有排水管网系统连通。当暴雨径流充满排水管道而需要进行水量调蓄时,洪峰溢流至隧道从而减少了溢流水量。正常情况下深层隧道没有基础流量。存储在深层隧道调蓄池中的雨水暴雨之后通过水泵返回排水管道。当遇到极端洪水时,深层隧道在末端采取直排模式,利用水泵将雨水排入水体。

4. 深层隧道规划布局要点

深层隧道是全面提升区域防涝防洪水平的重要措施,可以保障地下空间和地面空间洪水快速排除。

在竖向布局上,深层隧道置于地下空间各功能的下面。

在水平布局上,通常深层隧道应:①与重要大型地下工程相连通,如地铁、地下街等,在出入口部设置雨水收集口,突发洪水内涝时打开,降低地下空间的内涝风险;②在城市内涝点、集水点、重要地区及河流周围设置雨水收集口,保障易受灾地区和重要地区的洪水快速排除;③与城市低洼地区的地下空间出入口部相连通,保障地下空间不受水淹,如图 5-22 所示。

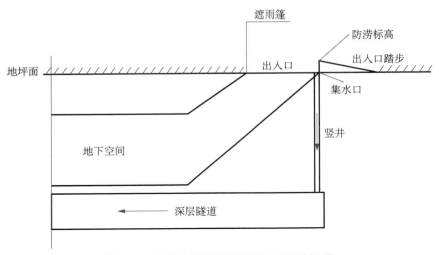

图 5-22　地下空间与深层隧道竖向布局剖面图

　　下面以马来西亚"聪明隧道"工程为典型案例,介绍深层隧道与地下道路结建的布局方式和防涝运行过程。

　　马来西亚位于热带地区,暴雨频繁猛烈。首都吉隆坡经常受到内河泛滥及内涝的影响,且市中心南北向道路饱和,交通拥堵。为了解决以上两个问题,采用地下隧道工程,跨流域调配暴雨洪水,将市中心的克朗河和安宠河汇合处的易洪地区上游水量储入蓄水池,并流经隧道进入 Taman Desa 水库,再排放到市区南侧的 Kerayong 河中。同时,使 Sungai Besi 到吉隆坡市中心的 200 百万人出行时间从 30 min 缩短到 5 min,如图 5-23 所示。

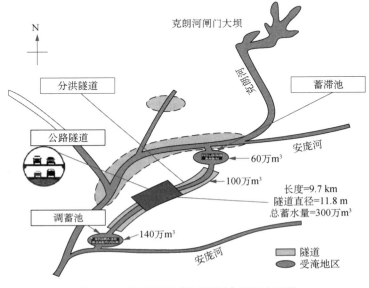

图 5-23　马来西亚"聪明隧道"平面布局图

来源:张平等,2012。

"聪明隧道"竖向共分三层:地下一、二层设置双向四车道公路隧道,上层交通向南,下层交通向北;地下三层为防洪隧道,将截取上游河水并分流,进入关键地段。这样降低市中心两河交叉处长期洪水内涝,阻止溢水。该工程有三种工况:①在没有暴雨和降雨量少于 70 m³/s 时,不需要通过隧道排水,仅作为公路隧道使用;②当雨量大于 70 m³/s,小于 150 m³/s 时,洪水被分流到防洪隧道,公路隧道正常使用;③当雨量大于 150 m³/s 时,公路隧道全面关闭,并在自动水密性闸门开启让洪水流入之前,允许最后一辆车驶出隧道。此时,整个隧道全部用于排洪,以疏导洪水至蓄水池,见图 5-24,此时,可以抵御百年一遇的洪水(张平等,2012)。

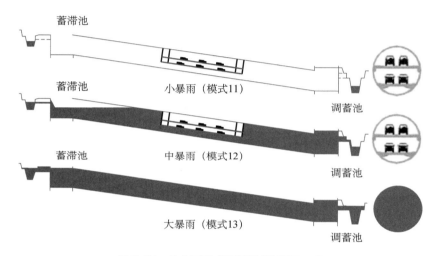

图 5-24 马来西亚"聪明隧道"运行工况

来源:张平等,2012。

通过案例可以得出重要启示,地下空间平时使用与防灾利用应有机结合。在水灾内涝方面,通过在地势低洼的易受灾地区开发建设地下空间,平时用于停车、地下步道等配置较少设施便可正常使用的功能,一旦发生极端内涝灾情,通过管理手段提前预警、快速清空地下空间内的人员和车辆物资,即作为雨水调蓄池。险情过后排出滞水,转入平时使用功能。

因此,根据地下空间的物业类型、重要程度以及所处的区位,如果地下空间内绝对不能浸水,如地铁、地下街等,应在其下面规划布局地下深层隧道调蓄池;如果地下空间可临时浸水,并不影响后续使用且经济损失小,同时可缓解周边地区更加重要物业水患,则地下空间可作为临时雨水调蓄池。利用地下空间调蓄雨水,使相应地区的地面内涝得到缓解,如表 5-17 所列。

表 5-17 地下空间防内涝的规划布局

地下空间类别	重要程度	防内涝规划布局
供人使用	一般/重要	下部建设深层地下雨水调蓄设施
供物使用	重要	
	一般	自身作为雨水调蓄设施

5.6 小结

降雨产汇流和内涝形成的机理与过程是决定城市防涝应对措施的重要依据。上海市中心城区暴雨强度增大,在典型下垫面特征下其降雨产汇流量总量和洪峰流量将会超出现有1年一遇市政雨水管网设施的排涝能力,在局部地区产生内涝灾害。中心城区相对固化的土地利用、土壤构成、高地下水位以及较低的水面率共同决定了雨水自然下渗率低下,径流系数高达0.7。通过比较源头、过程和末端的处理措施,得出结论:上海市中心城区通过滞蓄地面径流、延时错峰是应对内涝的主要方法;分散式的点状调蓄设施与体系化的线状深层地下调蓄管廊是主要策略。

地下空间开发深度、地下水位和单位用地地下空间开发利用面积在理论上决定可透水面雨水下渗的能力。上海城市地下空间的开发利用不影响雨水自然下渗,不影响降雨产流。地下市政基础设施开发利用,尤其是地下雨水调节池,可以蓄滞坡面流,缓解地面内涝。与此同时,地下公共生产生活服务设施使降雨内涝的风险增加。

既有地下空间内部排涝设施规模和标准以日常使用为主,无法应对漫入地下空间内部的洪水灾害。地下空间出入口部的防水台阶和堵水设施是地下空间防内涝的主要措施。受到暴雨强度、综合径流系数、市政排水能力等因素的影响,降雨产汇流在低洼地区形成内涝积水点将对局部地区的地下空间产生内涝影响。治理内涝隐患点,从根本上消除对既有地下空间的灾害威胁,在排水片区上游规划分散的雨水调蓄池,改善降雨产汇流形成,与既有市政排水管网一同构成"小排水系统",降低内涝点积水量、积水深和延缓最大洪峰出现的时间,从而缓解内涝点影响范围内的地下空间的内涝风险。

深层隧道系统是系统应对极端内涝水灾的重要工程设施。对于上海具有实施的必要性和可行性,可连通地下空间、重要地段、河流、洼地等设置于深层地下空间。另外考虑地下空间防内涝的两重性,根据不同条件在平时与灾时灵活转换,保证地下空间自身不受损的情况下,缓解周边地上空间的内涝灾情。

6 总结与展望

6.1 主要结论

大城市高密度、高强度发展增加了灾害时的暴露性和易损性,大量人员集聚对灾害时应急疏散避难提出更高的要求。大城市高密度、高强度开发地区与大规模人员集聚地区通常在空间上又相互重合,这样使得高密度、高强度开发地区的防灾问题比较突出。城市地下空间具有一定的防灾特性,与地上空间一同构成地上地下一体化的防灾空间体系,可在一定程度上减少物质空间暴露性和易损性,提高高密度、高强度城市开发地区的防灾能力。尤其对既有建成区地下空间的开发利用将发挥更加重要的作用。

本书的主要研究结论如下:

1. 城市地下空间具有一定的防灾特性

本书梳理灾害的类别,并从地下空间固有的自然属性总结地下空间的防灾特性,得出结论:地下空间具有天然的抵抗战争空袭、地震、风灾的能力和隔绝、排除水灾的能力。但是尽管如此,地下空间在城市防灾中几乎仅仅用于防御战争空袭的人民防空工程,在地震、风灾和水灾三个方面的利用并未达成普遍共识。据此,本书着重从城市地下空间的防灾特性和能力以及影响城市地下空间防灾性能发挥的因素两个方面深化对这个问题的认识:①地下空间的自然属性,恒温、恒湿、密闭、隔绝、埋于地下,使其具有隔离地面空间、创造适宜环境的防灾优势,减少城市物质空间在战争空袭、地震、风灾等灾害中的暴露性,并提供人员应急避难和安置的场所;同时可提供洪水的快速排除通道,减少地上空间和供人使用的地下空间的内涝水灾灾损。②影响地下空间利用的主要因素是人员的"自我意识"。由于地下空间自然属性中的密闭、隔绝,同时也担心地震、风灾,尤其是内涝水灾时的安全性,造成人员对地下空间常有偏见,影响地下空间的正常使用。

本书基于既有研究成果,得出结论:影响地下空间利用的人员的"自我意识"偏见可以通过地下空间内部的环境设计、人员频繁使用、宣传教育等手段以及地下空间照明、通风等各种设施使用可靠性等逐渐消除。而目前,城市地下空间面临地震、风灾等灾害时的结构安全性和设施完善性才是制约地下空间防灾利用的重要因素。通过理论计算与实际工程分析,本书从地下建筑主体结构安全性、出入口安全性和设施配置完善性三个方面研究城市地下空间的防灾性能,得出结论:核 6 级和核 6B 级人防地下工程具有抗 8 度地震和 F3 级龙卷风的安全性能,在 7 度地震设防地区可作为灾时避难场所。兼顾人防设防要求的地铁和普通地下室,主体结构按照 7 度抗震烈度要求设计可达到人防地下室核 6B 级的标准和抵抗 F3 级龙卷风的要求。出入口部选址于建筑倒塌范围外或设置防倒塌棚架,可作为战争空袭、地震、风灾的避难场所。对于城市内涝水灾,地下市政工程设施(地下雨水调节池和深层隧道)是湿润地区大城市中心城区既有建成区应对内涝水灾的主要措施。可见,城市地下空间具有防空、抗震、抗风、排涝的特性,可以利用城市地下空间为城市的防灾作出贡献。

2. 城市地下空间兼做避难场所

城市地下空间可看作城市避难场所中场所型避难建筑的地下部分,是避难建筑在地下空间的延伸。城市地下空间具有防灾的特性,大城市中以广泛分布的居住区人防地下室、完善的地铁线路和地铁车站及周边地区普通地下室相互连通组成了"点线面"格局的城市地下空间防灾体系,可作为城市防空、抗震和防风应对的防护单元和疏散避难体系。

大城市中心城区既有建成区,例如上海市中心城区,应对突发事件的疏散避难场所缺乏,疏散避难供给和需求矛盾较大。将城市地下空间纳入城市地面疏散避难体系构建中,地上地下一体化协调布局疏散避难场所,可满足均匀性、可达性、经济性的多目标要求。尤其对于既有地下空间,通过多功能利用,可不增加城市防灾成本而满足城市疏散避难的需求。

居住区紧急避难的安全性和可达性不满足规定。人防地下室可作为应对 7 度设防烈度地震、F3 级龙卷风等突发灾害紧急避难场所和短期固定避难场所,可有效缩短避难人员避难距离,提高避难的安全性。在满足人防法规中人防配建指标刚性约束的条件下,不增加居住区防灾成本投入便可满足灾时避难需求,提高居住区应急避难能力。

3. 地下雨水调蓄池和深层隧道是大城市中心城区既有建成区防御内涝水灾的重要策略

应对大城市内涝水灾,城市地下空间开发利用是"低影响开发理念"和"海绵城市"建设的重要措施,适合应用于湿润地区大城市中心城区的既有建成地区防洪除涝。本书研究上海市中心城区的内涝情势,在暴雨强度增大和典型排水分区下垫面特征下,降雨产汇流量总量和洪峰流量将会超出现有 1 年一遇市政雨水管网设施的排涝能力,在局部地区产生内涝灾害。中心城区相对固化的土地利用、土壤构成、高地下水位以及较低的水面率共同决定了雨水自然下渗率低下,径流系数高达 0.7。通过比较源头、过程和末端的处理措施,得出结论:上海市中心城区内涝防治应采取末端处理的雨水调蓄池和深层调蓄隧道结合的策略。

雨水自然下渗参与大自然的水系统循环,是治理城市降雨内涝的睿智措施。如果开发利用地下空间不仅阻碍雨水自然下渗,同时增加城市遭受内涝的脆弱性,那么依靠城市地下空间的市政工程设施治理内涝便是舍本逐末的做法。本书研究城市地下空间开发利用对内涝形成过程的影响,得出结论:城市地下空间开发深度、地下水位高度和单位用地地下空间开发利用面积在理论上决定可透水面的雨水下渗能力。上海由于地下水位浅、地下空间开发利用深度深和公园、绿地下地下空间开发利用的限制性规定,上海城市地下空间开发利用对雨水自然下渗的影响非常小,并不影响降雨产流。

既有城市地下空间开发利用能增加城市应对内涝的脆弱性。既有地下空间内部排涝设施规模和标准以日常使用为主,目前地下空间出入口部的防水台阶和堵水设施是地下空间防内涝的主要措施,还无法应对漫入地下空间内部的洪水灾害。受到暴雨强度、综合径流系数、市政排水能力等因素的影响,降雨产汇流在低洼地区形成内涝积水点会对局部地区的地下空间产生内涝影响。

地下雨水调蓄池是大城市中心城区既有建成区局部地区内涝防治的重要措施。深层隧道系统是大城市中心城区既有建成区系统应对极端内涝水灾,从根本上消除既有地下空间的内涝威胁的重要工程设施。在排水片区上游规划分散的雨水调蓄池,可改善降雨产汇流形成,降低内涝点积水量、积水深和延缓最大洪峰出现的时间,从而缓解内涝点影响范围内的地下空间的内涝风险。深层隧道雨水调蓄系统连通地下空间、重要地段、河流、洼地等设置于深层地下空间,对上海市中心城区具有实施的必要性和可行性。

6.2 展望

本书希望在以下几个方面对我国城市地下空间开发利用和城市安全与综合防灾规划等作出突破、融合和创新:

(1)国土空间规划体系编制与实践中,地下空间作为重要的三维立体空间资源,承载着城市集约化发展的主要功能。通过本书的研究,希望规划研究和规划实践工作者突破地下空间防灾功能的认识,将地下空间作为城市综合防灾的重要资源进行空间资源的评估、管制及综合利用。具体地,在国土空间规划的"双评价"环节,针对地下空间的特性和防灾功能,进行空间管制和综合利用功能的部署,突破地下空间禁建区和国土空间禁建区等传统认识。

(2)城市地下空间开发利用规划编制与实践中,城市总体规划和详细规划层面都涉及地下空间功能、规模、布局及各个系统的规划等内容,其中地下空间的防灾作为其中重要的构成部分,在功能规划、规模分析、布局规划及防灾减灾系统中不仅应考虑地下空间内部的防灾规划与设计,同时应统筹考虑其作为防灾资源被纳入城市整体的安全防灾规划中。除了传统的人防工程规划之外,还应结合城市综合防灾规划的总体要求与部署,进行地下空间避难场所的规划以及防内涝地下工程规划等。

(3)在城市安全与综合防灾规划编制实践中,在全面分析城市面临的灾害挑战和可以利用的防灾资源基础上,综合防灾对策与措施中可以统筹考虑城市地下空间资源,在地震、风灾、水灾等的综合对策中将地上空间和地下空间及设施进行融合。

(4)城市既有建成区的更新改造与配套的精细化管理等工作,应充分考虑既有地下空间的布局与开发利用功能,宜将地下空间开发利用作为既有建成区更新改造和功能提升的关键手段,整合社区防灾资源,充分利用物联网、信息技术进行空间和设施的精准管理,提高建成区安全防控和防灾减灾水平。

　　综上所述,如果说 21 世纪是地下空间的世纪,那么城市地下空间的开发利用将成为城市发展的主流;如果说未来城市高速发展过程中安全与综合防灾是值得重点关注的问题,那么城市地下空间与城市防灾的相遇便是城市永续发展的永恒主题。本书具有学术交叉的学科背景,将城市地下空间开发利用与城市防灾通过城市地下空间的自然属性和社会属性巧妙地联系起来,从城乡规划学的视角,综合灾害学、土木工程等多学科,深入探究城市灾害的发生机理与防灾应对的本质需求,从防灾的物理过程、机理层面探索地下空间用于城市防灾的可能性和可行性,提出了地震、风灾、防空及水灾等多种灾害的地下空间防灾对策,对城市防灾的规划应对、城市地下空间的开发利用具有理论指导和现实指导的意义。

参考文献

［1］ Admiraal. Programming for Spatial Quality: COB's Next Five Years (1999—2003)[J]. Tunnelling and Underground Space Technology,1999: 14, 115-120.

［2］ Ahrens. "Indoor Cities" Conference Stresses Interdisciplinary Partnerships [J]. Tunnelling and Underground Space Technology,1997,12(4):505-509.

［3］ Allensworth. Underground Siting of Nuclear Power Plants: Potential Benefits and Penalties[M]. Sandia Laboratories, 1977.

［4］ An S, Cui N, Li X, et al. Location planning for transit-based evacuation under the risk of service disruptions[J]. Transportation Research Part B: Methodological, 2013, 54:1-16.

［5］ Appendix D-Integrating Hazard Mitigation into Community Comprehensive Planning[R].

［6］ Applied Nucleonics. Seismic Assessment of Underground and Buried Nuclear Power Plants[J]. ATR- A C R N, 1977.

［7］ Asmis. Dynamic Response of Underground Openings in Discontinuous Rock[R]. Toronto: Ontario Hydro: 1982.

［8］ Asmis. Seismic Response for Deep Underground Openings[R]. Toronto: Ontario Hydro: 1978.

［9］ BLanger. Underground Landscape: The Urbanism and Infrastructure of Toronto's Downtown Pedestrian Network[J]. Tunnelling And Underground Space Technology, 2007(22):272-292.

［10］ Bobylev N. Mainstreaming Sustainable Development into A City's Master Plan: A Case of Urban Underground Space Use[J]. Tunnelling and Underground Space Technology, 2009, 26: 1128-1137.

［11］ Cano-Hurtado. Sustainable Development of Urban Underground Space for Utilities[J]. Tunnelling and Underground Space Technology, 1999, 14: 335-340.

［12］ Chester. Hazard Mitigation Potential of Earth-sheltered Residences[M]. 1983.

［13］ Church R, Revelle C. The maximal covering location problem[J]. Papers of the Regional Science Association, 1974, 32(1):101-118.

［14］ Dou K, Zhan Q. Accessibility analysis of urban emergency shelters: Comparing gravity model and space syntax[C]// International Conference on Remote Sensing. 2011.

［15］ Dowding R. Damage to Rock Tunnels from Earthquake Shaking[J]. ASCE J. Geotech. Engng Dri, 1978:229-247.

［16］ Edelenbos. Strategic Study on the Utilization of Underground Space in the Netherlands[J]. Tunnelling and Underground Space Technology, 1998, 13(2):159-165.

[17] Farish. Disaster and Decentralization：American Cities and the Cold War[J]. Cultural Geographies，2003 (10)：125-148.

[18] Fumio Y, Flood Control Using Urban Underground Space[EB/OL]. http：//www. jsce-int. org/civil_ engineering/1998/urbanunder.pdf.

[19] Gideon S G. Earth-sheltered Habitat-history, Architecture and Urban Design[M]. Van Nostrand Reinhold，New York，1983.

[20] Gideon S G. Urban Design Morphology and Thermal performance[J]. Atmospheric Environment，1996，30：455-465.

[21] Goel. Status of Underground Space Utilization and Its Potential in Delhi[J]. Tunnelling and Underground Space Technology，Dube A K. 1999，14：349-354.

[22] Hakimi S L. Optimum Locations of Switching Centers and the Absolute Centers and Medians of a Graph[J]. Operations Research，1964，12(3)：450-459.

[23] Hewitt. A Global Model of Natural Volatile Organic Compound Emissions[J]. Journal of Geophysical Research，1995,D5(100)：8873-8892.

[24] Ingerslev. Earthquake Analysis[Z]. 1997，12：157-162.

[25] Iwasaki. Characteristics of Underground Seismic Motions at Four Sites Around Tokyo Bay[R]. Washington,D.C：NBS.

[26] Japan Tunnelling Association. Planning and Mapping of Subsurface Space in Japan[J]. Tunnelling and Underground Space Technology,2000，15：287-301.

[27] Jennifer P E A. Cities Preparing for Climate Change—A Study of Six Urban Regions[R]. The Clearn Air Partnership，2007.

[28] Jischke M C，Light B D. Laboratory Simulation of Tornado Wind Loads on a Rectangular Model Structure[J]. Journal of Wind Engineering and Industrial Aerodynamics，1983，13：371-382.

[29] Kanai K，Tanaka T. Observations of Earthquake Motion at Different Depths of the Earth.[J]. Bull. Earthq. Res. Inst，1951(29)：107-133.

[30] Kramer S L. Geotechnical Earthquake Engineering [M]. Prentice Hall，1996.

[31] Kılcı F，Kara B Y，Bozkaya B . Locating temporary shelter areas after an earthquake：A case for Turkey[J]. European Journal of Operational Research，2015，243(1)：323-332.

[32] Lee. Performance of Underground Coal Mines During the 1976 TangShan Earthquake[J]. Tunnelling and Underground Space Technology,1987，2：199-202.

[33] Mileti. Disasters by Design-A Reassessment of Natural Hazards in the United States[M]. Joseph Henry Press，1999.

[34] Monnikhof，et al. The New Underground Planning Map of the Netherlands：a Feasibility Study of the Possibilities of the Use of Underground Space[J]. Tunnelling and Underground Space Technology，1999，14：341-347.

[35] Nordmark. Overview on Survey of Water Installations Underground：Underground Water-Conveyance and Storage Facilities[J]. Tunnelling and Underground Space Technology，2002：17，163-178.

［36］ Osaragi T，Morisawa T，Oki T. Simulation Model of Evacuation Behavior Following a Large-Scale Earthquake that Takes into Account Various Attributes of Residents and Transient Occupants［M］// Pedestrian and Evacuation Dynamics 2012，Springer，Cham，2014:469-484.

［37］ Parker. Tunnelling，Urbanization and Sustainable Development: the Infrastructure Connection［J］. Tunnelling and Underground Space Technology，1996: 11，133-134.

［38］ Quarantelli. Emergent Behavior and Groups in the Crisis Time of Disasters［J］. Disaster Research Center,1995.

［39］ Raymond L S，Carmody J. Underground Space Design: A Guide to Subsurface Utilization and Design for People in Underground Spaces［M］. New York:Van Nostrand Reinhold,1993.

［40］ Raymond L S，Susan R N，Martin. Planning for Underground Space,a Case Study for Minneapolis, Minnesota ［M］. ［S. l.］:University of Minnesota Underground Space Cente,1982.

［41］ Raymond L S，Susan R N. City Resiliency and Underground Space Use［C］//Advances in Underground Space Development.Singapore: ACUUS. 2013.

［42］ Richard C，Charles R V. The Maximal Covering Location Problem［J］. Papers in Reginal Science, 1974,32(1):101-118.

［43］ Roberts. Sustainable Development and the Use of Underground Space［J］. Tunnelling and Underground Space Technology，1996，11: 383-390.

［44］ Sellberg. Environmental Benefits: A Key to Increased Underground Space Use in Urban Planning［J］. Tunnelling and Underground Space Technology，1996(11): 369-371.

［45］ SHI. Urban Risk Assessment Research of Major Natural Disasters in China［J］. Advances in Earth Science，2006,21(2):170-177.

［46］ Steven D H，Philip C K. Cognitive Self-statements in Depression: Development of an Automatic Thoughts Questionnaire［J］. Cognitive Therapy and Research，1980，4(4):383-395.

［47］ Stevens. A Review of the Effects of Earthquakes on Underground Mines，No.77-313［R］.1997.

［48］ Toregas C，Revelle C. Optimal Location under Time or Distance Constrains［J］. Papers of the Regional Science Association,1972(28):133-143.

［49］ UNFPA. State of World Population 2007- Unleashing the Potential of Urban Growth［R］.2007.

［50］ Wang. Assessment of Damage in Mountain Tunnels due to the Taiwan Chi-Chi Earthquake［J］. Tunnelling and Underground Space Technology,2001(16):133-150.

［51］ Wei L，Li W，Li K，et al. Decision Support for Urban Shelter Locations Based on Covering Model［J］. Procedia Engineering，2012，43:59-64.

［52］ WG I. General Considerations in Assessing the Advantages of Using Underground Space［J］.Tunnelling and Underground Space Technology,1995(10): 287-297.

［53］ Yamazaki F. Flood Control Using Urban Underground Space［Z］. 1998.

［54］ Zhang N，Huang H，Su B，et al. Analysis of Road Vulnerability for Population Evacuation Using Complex Network［C］// Second International Conference on Vulnerability and Risk Analysis and Management（ICVRAM）and the Sixth International Symposium on Uncertainty，Modeling，and

Analysis(ISUMA)，2014.

[55] 艾晓秋,秦彤.城市区域风易损结构风灾损失分析研究[J].灾害学,2010,25(增刊):216-219.

[56] 岑国平,沈晋,范荣生.城市暴雨径流计算模型的建立和检验[J].西安理工大学学报,1996,12(3):184-190.

[57] 岑国平.城市地面产流的试验研究[J].水利学报,1997(10):47-52.

[58] 陈家宜.龙卷风风灾的调查与评估[J].自然灾害学.1999,11(8):111-116.

[59] 陈月红.避难场所选址优化方法研究[D].秦皇岛:华北理工大学,2017.

[60] 陈志龙,陈家运,郭东军,等.地下空间利用与城市防灾研究若干新进展与思考[J].中国工程科学,2013, 5:65-70.

[61] 陈志龙,郭东军.城市抗震中地下空间作用与定位的思考[J].规划师,2008(7):22-25.

[62] 陈志龙,王玉北.城市地下空间规划[M].南京:东南大学出版社,2005.

[63] 陈倬,余廉.城市安全发展的脆弱性研究——基于地下空间综合利用的视角[J].华中科技大学学报(社会科学版),2009,23(1):109-112.

[64] 仇蕾,王慧敏,马树建.极端洪水灾害损失评估方法及应用[J].水科学进展,2009,20:869-875.

[65] 崔庆峰.探析产汇流理论的研究[J].黑龙江水利科技,2011(4):133-134.

[66] 村桥正武.关于神户市城市结构及城市核心的形成[J].国外城市规划,1996(4):16-20.

[67] 戴慎志,赫磊.城市防灾与地下空间规划[M].上海:同济大学出版社,2014.

[68] 戴慎志.城市综合防灾规划[M].北京:中国建筑工业出版社,2011.

[69] 邓柏旺.城区排涝洪峰流量计算分析[J].中国市政工程,2013(S1):56-61.

[70] 第七届全国地震工程学术会议[R].广州,2006.

[71] 窦凯丽.城市防灾应急避难场所规划支持方法研究[D].武汉:武汉大学,2014.

[72] 方伟华,王静爱,史培军,等.综合风险防范——数据库、风险地图与网络平台[M].北京:科学出版社,2011.

[73] 方智,陈飞,许国根.重心法在应急系统选址中的应用[J].中国高新技术企业,2009(14):69-70.

[74] 甘文举.低层房屋龙卷风荷载分析及抗风设计研究[D].长沙:湖南大学,2009.

[75] 高廷耀,顾国维.水污染控制工程[M].2版.北京:高等教育出版社,1999.

[76] 广州市城市雨水工程规划专题:雨水调蓄与综合利用研究[R].广州市城市规划勘测设计研究院,2010.

[77] 赫磊,宋彦,戴慎志.城市规划应对不确定性问题的范式研究[J].城市规划,2012(7):15-22.

[78] 赫磊.城市地铁车站地区地下空间综合开发建设模式研究[D].上海:同济大学,2008

[79] 赫磊.浅析地下空间与城市综合防灾[J].城市发展研究,2009(S1):278-281.

[80] 胡晓晗.基于引力模型的住区居民避震空间选择模式研究[D].上海:上海应用技术学院,2016.

[81] 黄静.基于GIS的社区居民避震疏散区划方法及应用研究[J].地理科学,2011,2(31):204-210.

[82] 金磊.城市灾害学原理[M].北京:气象出版社,1997.

[83] 李杰,李国强.地震工程学导论[M].北京:地震出版社,1992.

[84] 李迅.李迅谈城市地下空间规划利用:向地下要空间[EB/OL].http://www.cityup.org/news/urbanplan/20081022/40657-1.shtml.

[85] 李昱杰.城市抗震防灾避难场所的区位选择与空间布局研究[D].济南:山东建筑大学,2014.

[86] 林俊俸,李朝忠.小流域都市化对暴雨洪水影响的试验研究[J].水文,1990(6):9-14.

[87] 林姚宇.城市高密度住区居民应急疏散行为研究[J].规划师,2013(7):105-109.

[88] 刘恩华.唐山市震后重建的思考[J].城市规划,1997(4):16-18.

[89] 刘国伟.中国大百科全书 水文科学[M].北京:中国大百科全书出版社,1987.

[90] 刘兰岚.上海市中心城区土地利用变化对径流的影响及其水环境效应研究[D].上海:华东师范大学,2007.

[91] 刘少群,等.广东风灾及其防治研究[J].广西民族大学学报(自然科学版),2011:7-14.

[92] 刘曙光,陈峰,钟桂辉.城市地下空间防洪与安全[M].上海:同济大学出版社,2015.

[93] 刘伟.城市暴雨地面积水量分析研究[D].西安:长安大学,2006.

[94] 卢济威.城市中心的生态、高效、立体公共空间——上海静安寺广场[J].时代建筑,2000(3):58-61.

[95] 路克华.和讯网[EB/OL].http://news.hexun.com/2009-08-21/120682446.html.

[96] 吕元. 城市防灾空间系统规划策略研究[D].北京：北京工业大学，2004.

[97] 马雅楠,于善蒙,胡春璐.浅谈城市地下空间综合防灾规划[J].河南建材,2012(2):155-156.

[98] 粕谷太郎.日本的地下空间利用[Z].2015.

[99] 全国人民代表大会常务委员会. 中华人民共和国人民防空法[S]. 北京:法律出版社,1996.

[100] 全涌,顾明.“十一五”国家科技支撑计划课题“住宅建筑综合防灾标准研究”(2008BAJ08B14)子课题，“村镇住宅建筑抗风技术与标准研究”[R]. 2008.

[101] 芮孝芳,蒋成煜,陈清锦.论城市排水防涝工程水文问题[J].水利水电科技进展,2015,1(35):42-48.

[102] 芮孝芳.建立汇流模型的途径和确定模型参数的方法综述[J].河海科技进展,1993,2(13):59-63.

[103] 上海防灾救灾研究所.汶川地震灾后市政基础设施破坏调研与研究[R].2008.

[104] 上海市城市规划管理局.上海市地下空间规划编制导则[R]. 2008.

[105] 上海市城市规划设计研究院,上海市政工程设计研究总院(集团)有限公司.上海市地下空间开发利用规划的实践与展望——轨道交通站点与周边地下空间开发规划研究[R].2013.

[106] 上海市容和绿化管理局年报[EB/OL].http://lhsr.sh.gov.cn/sites/lhsr/neirong.aspx? infid=bf92ca96-dc4b-4613-a0ab-ba0cac7951ec&ctgid=6675f3a7-8674-4633-98f1-fc951c41c8f9.

[107] 上海市统计年鉴[EB/].http://www.stats-sh.gov.cn/data/toTjnj.xhtml? y=2008.

[108] 上海水务规划院.上海市城市排水(雨水)防涝综合规划[R].2015.

[109] 史培军. 人地系统动力学研究的现状与展望[J].自然灾害学报,1997,4:201-211.

[110] 史培军. 三论灾害研究的理论与实践[J].自然灾害学报,2002,11:1-9.

[111] 史培军. 四论灾害系统研究的理论与实践[J].自然灾害学报,2005,14:1-7.

[112] 史培军. 五论灾害系统研究的理论与实践[J].自然灾害学报,2009,18:1-9.

[113] 史培军.再论灾害研究的理论与实践[J].自然灾害学报,1996.5：6-17.

[114] 史培军.中国自然灾害,减灾建设与可持续发展[J].自然资源学报,1995,10(3)：267-278.

[115] 束昱,彭芳乐.中国城市地下空间规划的研究与实践[J].地下空间与工程学报,2006(7):1125-1130.

[116] 束昱. 地下空间与未来城市[M]. 上海：复旦大学出版社,2005.

[117] 束昱.上海市民防工程平时防灾减灾功能研究研究[R].上海市民防科学研究所,上海同技联合-地下空间规划设计研究院,2013.

[118] 苏幼坡.城市灾害避难与避难疏散场所[M]. 北京:中国科学技术出版社,2006.

[119] 孙明.下垫面含水状态与降雨产流关系研究[J].山西大学学报(自然科学版),2007,30(1):125-128.

[120] 汤卓,张源,吕令毅.龙卷风风场模型及风荷载研究[J].建筑结构学报,2012,3(33):104-110.

[121] 唐益群,叶为民.地下水资源概论[M].上海:同济大学出版社,1998.

[122] 童林旭.地下建筑学[M].济南:山东科学技术出版社,1997.

[123] 童林旭.地下空间与城市现代化发展[M].北京:中国建筑工业出版社,2005.

[124] 童林旭.论城市地下空间规划指标体系[J].地下空间与工程学报,2006(7):1111-1115.

[125] 王静爱,史培军.中国自然灾害数据库的建立与应用[J].北京师范大学学报(自然科学版),1995,31:
121-126.

[126] 王敏洁.地铁站综合开发与城市设计研究[D].上海:同济大学,2006.

[127] 王如琦.应用调蓄隧道控制上海合流制系统溢流污染工程方案初探[D].上海:同济大学,2004.

[128] 王少林.浅谈新形势下城镇排水的解决措施[R].上海水务局,2014.

[129] 王璇.城市地下空间规划的理论与方法研究[D].上海:同济大学,1995.

[130] 王永磊.均匀降雨条件下不同下垫面产汇流特性试验研究[J].中国农村水利水电,2012(2):38-41.

[131] 谢华.基于汇流时间方法的空间分布式水文模型研究[J].武汉理工大学学报,2005,12(27):75-78.

[132] 徐林.城市群不是规划出来的(上)[EB/OL].http://special.caixin.com/2013-05-13/100527042.html.

[133] 徐伟,王静爱.中国城市地震灾害危险度评价[J].自然灾害学报,2004,13:9-15.

[134] 杨达源,闵国年.自然灾害学[M].北京:测绘出版社,1993.

[135] 佚名.上海市新建公园绿地地下空间开发相关控制指标规定[R].2010.

[136] 俞泳.城市地下公共空间研究[D].上海:同济大学,1998.

[137] 张翰卿."安全城市"规划理论和方法研究[D].上海:同济大学,2008.

[138] 张平,陈志龙,赵旭东.基于防灾视角下地下道路开发利用——以马来西亚吉隆坡地下道路为例[J].地
下空间与工程学报,2012(6):1322—1327.

[139] 张雄飞,史其信,Rachel H E,等.紧急疏散条件下交通控制设施选址研究[J].交通运输系统工程与信
息,2011,11(3):138-143.

[140] 政府间气候变化专门委员会 IPCC.政府间气候变化专门委员会第四次评估报告[R].瑞士,日内瓦,2008.

[141] 政府间气候变化专门委员会 IPCC. Land Use, Land-Use Change, and Forestry:IPCC,2000[R].2000.

[142] 周俭.立足跨越发展的都江堰城区灾后重建规划思想——关于空间、事件、形态的关系[J].城市规划学
刊,2008(4):1-5.

[143] 周玉文,谢映霞,张晓昕,等.城市内涝灾害耐受度研究——北京实例[R].上海市水务局,2014.(未发表)

[144] 周玉文,赵洪宾,李玉华.瞬时单位线法求雨水管网系统入流过程线的数值计算方法[J],哈尔滨建筑
大学学报,1997(5).

[145] 周玉文,赵洪宾.排水管网理论与计算[M].北京:中国建筑工业出版社,2000.

[146] 周云,汤统壁,廖红伟.城市地下空间防灾减灾回顾与展望[J].地下空间与工程学报,2006,2(3):
467-474.

[147] 朱大明.关于地下建筑覆土绿化的几个问题[J].地下空间,2002,3(22):264-267.

[148] 朱冬冬,周念清,江思珉.城市雨洪径流模型研究概述[J].水资源与水工程学报,2011,3(22):132-137.

[149] 朱良成.城市地下空间规划编制体系研究[D].上海:同济大学,2011.

[150] 朱元狮,金光炎.城市水文学[M].北京:中国科学技术出版社,1991.

[151] 《中国城市发展报告》编委会.中国城市发展报告 2010[R].北京:中国城市出版社,2011.

索引